João Dalton Daibert

Topografia

Técnicas e Práticas de Campo

2ª Edição

érica | Saraiva

SOMOS EDUCAÇÃO | Editora Saraiva

Av. das Nações Unidas, 7221, 1º Andar, Setor B
Pinheiros – São Paulo – SP – CEP: 05425-902

SAC 0800-0117875
De 2ª a 6ª, das 8h00 às 18h00
www.editorasaraiva.com.br/contato

Vice-presidente	Cláudio Lensing
Gestora do ensino técnico	Alini Dal Magro
Gerente de projeto	José Ferreira Filho
Coordenadora editorial	Rosiane Ap. Marinho Botelho
Editora de aquisições	Rosana Ap. Alves dos Santos
Assistente de aquisições	Mônica Gonçalves Dias
Editoras	Márcia da Cruz Nóboa Leme Silvia Campos Ferreira
Assistente editorial	Paula Hercy Cardoso Craveiro Raquel F. Abranches Rodrigo Novaes de Almeida
Editor de arte	Kleber Monteiro de Messas
Assistente de produção	Fábio Augusto Ramos Katia Regina
Produção gráfica	Marli Rampim

Revisão	Triall Composição Editorial Ltda
Diagramação	Triall Composição Editorial Ltda
Projeto gráfico de capa	Casa de Idéias
Impressão e acabamento	São Francisco Gráfica e Editora

DADOS INTERNACIONAIS DE CATALOGAÇÃO NA PUBLICAÇÃO (CIP)
(CÂMARA BRASILEIRA DO LIVRO, SP, BRASIL)

Daibert, João Dalton
Topografia : técnicas e práticas de campo / João Dalton Daibert. -- 1. ed. -- São Paulo : Érica, 2014.

Bibliografia.
ISBN 978-85-365-0658-6

1. Desenho por computador 2. Desenho topográfico 3. Topografia 4. Topografia - Equipamentos e acessórios
I. Título.

14-01280 CDD 526.98

Índices para catálogo sistemático:
1. Topografia 526.98

2ª edição
3ª tiragem: 2017

Os Autores e a Editora acreditam que todas as informações aqui apresentadas estão corretas e podem ser utilizadas para qualquer fim legal. Entretanto, não existe qualquer garantia, explícita ou implícita, de que o uso de tais informações conduzirá sempre ao resultado desejado. Os nomes de sites e empresas, porventura mencionados, foram utilizados apenas para ilustrar os exemplos, não tendo vínculo nenhum com o livro, não garantindo a sua existência nem divulgação.

A Ilustração de capa e algumas imagens de miolo foram retiradas de <www.shutterstock.com>, empresa com a qual se mantém contrato ativo na data de publicação do livro. Outras foram obtidas da Coleção MasterClips/MasterPhotos© da IMSI, 100 Rowland Way, 3rd floor Novato, CA 94945, USA, e do CorelDRAW X6 e X7, Corel Gallery e Corel Corporation Samples. Corel Corporation e seus licenciadores. Todos os direitos reservados.

Todos os esforços foram feitos para creditar devidamente os detentores dos direitos das imagens utilizadas neste livro. Eventuais omissões de crédito e copyright não são intencionais e serão devidamente solucionadas nas próximas edições, bastando que seus proprietários contatem os editores.

CL 640484 CAE 585225

Agradecimentos

Para não me esquecer de ninguém, farei os agradecimentos por grupos. Primeiramente, agradeço aos alunos, os egressos e os atuais, sem os quais este trabalho não teria nenhum sentido.

Também agradeço aos colegas de trabalho – professores e demais funcionários – que partilham comigo a educação na escola. Aos meus professores de todas as épocas – do ensino fundamental à faculdade –, todo o meu respeito. O mesmo vale para os colegas da vida profissional, principalmente aos da "lida" com a Topografia, com os quais aprendi muitos "macetes" e as dicas que repasso neste livro.

Aos de casa – pais, irmãos, filhos e netos –, que convivem comigo e com minha hiperatividade. A eles o meu melhor "muito obrigado".

Agradeço especialmente à minha companheira, Mariângela, que, além de revisora ortográfica desta obra, tem uma participação especial em minha vida.

Este trabalho foi feito com muito carinho e muito amor, pensando na alegria que me trouxe o aparecimento, quase mágico, do Enzo e da Lívia, meus netos queridos. O afeto, logicamente, também se estende aos pais. A eles ofereço este livro.

A todos, meus agradecimentos estão estampados nas páginas desta obra.

João Dalton Daibert

Sobre o autor

João Dalton Daibert, nascido em 31 de janeiro de 1951, em Juiz de Fora - MG, e formado em Engenharia Civil, em 1979, pela Faculdade de Engenharia da Universidade Federal de Juiz de Fora (UFJF). Na mesma instituição, cursou pós-graduação em Estradas, com ênfase em Topografia e Solos. Enquanto estudante dessa área, atuou como monitor e como professor de Desenho Técnico, Topografia e Solos no Colégio Técnico Universitário (CTU) da UFJF, durante dois anos. Nesse período, foi sócio-proprietário de uma pequena empresa de serviços topográficos, a Azimuth. Assim, iniciou suas atividades de "gamela" (apelido carinhoso para quem trabalha no campo com a Topografia).

Ainda como professor, atuou no Centro Paula Souza na Escola Técnica Estadual (ETEC) de Itapetininga, trabalhando com alunos na Escola Agrícola de 1980 a 1999.

Como engenheiro, trabalhou em diversas etapas - projeto, execução, fiscalização e consultoria - das obras de implantação da Ferrovia do Aço (MG-RJ), da rodovia que liga Cuiabá a Porto Velho (MT-RO), do Gasoduto Bolívia-Brasil (SP), da International Paper (MT), e das rodovias Castelo Branco, Raposo Tavares e Marechal Rondon (SP).

Nesses empreendimentos, foi funcionário das empresas: CBEI, Noronha Engenharia, Euler Consultoria, J. B. Coll-Tenenge Engenharia, Exacta Engenharia, Proplan Engenharia, EPT Engenharia, Concremat, SPL Consultoria, WGS Construções, Ebec, RJ Projetos e Louzada & Magalhães Ltda.

Desde 2008, atua como professor do Ensino Básico, Técnico e Tecnológico, no Instituto Federal de Educação, Ciência e Tecnologia (IFSP), no *campus* de Caraguatatuba (SP), onde logrou aprovação em concurso público, lecionando atualmente Topografia e Mecânicados Solos e Fundações, com dedicação especial à primeira. Ensinou também outras disciplinas em menor carga, tais como Segurança do Trabalho, Impactos Ambientais e Desenho Técnico. Foi coordenador do Núcleo de Pesquisa Aplicado à Pesca e Aquicultura - Nupa, tendo exercido também o cargo de coordenador da área de Infraestrutura e Recursos Naturais, à qual estão ligados os cursos técnicos de Edificações e de Aquicultura, este na modalidade à distância.

Sumário

Apresentação

Este livro segue um sistema diferente na explanação do tema Topografia, que aprendi na experiência com os alunos durante os nove anos de ensino-aprendizagem dessa disciplina. As dificuldades que a maioria dos alunos do nível técnico apresenta, como a de entender Matemática, disciplina básica para o estudo topográfico, me levaram a repensar os moldes de passar a compreensão da Topografia.

Precisamos humanizar os conteúdos, conhecer e aplicar mais os princípios estudados pelos pesquisadores, que nos chamaram a atenção sobre as "inteligências múltiplas", as quais consideram a inteligência uma forma de atuação eficiente em diferentes projetos, sejam eles nas áreas do raciocínio lógico, oralidade ou orientação espacial. Por exemplo, um exímio pintor é tão inteligente quanto um excelente matemático; ambos utilizam seu conhecimento para solucionar problemas por meio de diferentes rotas de aprendizagem.

Motivado pela necessidade de partilhar todo o saber que acumulei ao longo da minha vida profissional, ao escrever, levei em consideração que o material desenvolvido é para o Ensino Técnico. Por isso, não abordei com profundidade determinados assuntos que seriam de interesse na educação superior.

A todos que irão trabalhar com este livro, estudantes e professores, atento para o fato de que não tive, durante a composição desta obra, a pretensão de esgotar o tema. Ainda que tivesse, a vastidão do universo da Topografia não me permitiria fazê-lo.

O autor

1

Introdução à Topografia

Para começar

Este primeiro capítulo trata de alguns conceitos de Topografia, da funcionalidade e das características do profissional que realiza essa importante tarefa dentro da construção civil e de diversas áreas, as quais veremos adiante.

1.1 Conceitos

Topografia - palavra composta de duas definições gregas: *topos*, que significa lugar, e *graphen*, que significa grafia, escrita. Em outras palavras, a Topografia significa descrição de um lugar.

A Topografia é a ciência que visa representar uma porção terrestre, mostrando sua forma, sua posição e suas dimensões.

- » na forma, aparecerão o contorno, as elevações, as depressões, enfim, a feição dessa porção;
- » na posição, será registrada para essa porção a sua localização, principalmente em relação ao norte;
- » nas dimensões, constará o tamanho dessa porção.

A porção terrestre mencionada é limitada para os trabalhos da Topografia, pois eles são definidos no plano horizontal; portanto, não poderão ultrapassar 30 km de extensão. Essa consideração é necessária porque o formato da Terra é esférico. Trabalhos que ultrapassam essa extensão são considerados em outra ciência, a Geodésia.

Atualmente, com o avanço da tecnologia, a atuação da Topografia vem assumindo novas definições. Com o aparecimento das coordenadas baseadas nas informações dos satélites e o uso cada vez maior de recursos como o GPS, a Topografia passa a compor na grande área da Geomática.

Amplie seus conhecimentos

Geomática é o nome da ciência que trabalha com dados baseados na emissão dos sinais de satélites artificiais, que hoje facilitam bastante nossa orientação. Os sistemas de informações geográficas sofreram grandes alterações com o aparecimento dessa tecnologia. O sensoriamento remoto e os mapeamentos digitais são exemplos das novas áreas que surgiram. Pesquise mais no site: <http://portal.mec.gov.br/setec/arquivos/pdf1/geomatic.pdf>. Acesso em: 3 fev. 2014.

1.2 Divisões

A Topografia hoje se divide basicamente em Topologia, Topometria, Taqueometria e Fotogrametria.

» Topologia: é a parte que se ocupa das distâncias e ângulos.

» Topometria: é a parte que se ocupa com o relevo, ou seja, as formas do terreno.

» Taqueometria ou Estadimetria: é a parte que se ocupa das medições rápidas, indiretas.

» Fotogrametria: é a parte que se ocupa com levantamentos fotográficos que podem ser aéreos ou terrestres.

1.3 Objetivos

Sempre que necessitamos de uma descrição precisa, recorremos aos serviços de um profissional da Topografia, que vai representar, por meio de desenhos, o local que buscamos retratar, como a planta de uma fazenda, o traçado das ruas de uma cidade, a distribuição dos lotes em um loteamento, entre outros.

O registro de um imóvel em um cartório, por exemplo, só é possível com a descrição baseada em um trabalho de Topografia.

Um projeto de engenharia só é desenvolvido depois que a Topografia faz o levantamento do local onde ele será desenvolvido.

A Topografia também vai acompanhar a execução de obras. Esse acompanhamento se dá por meio de projetos desenvolvidos com os levantamentos realizados pela Topografia.

1.4 História

Como todas as ciências necessárias à expressão, a Topografia foi "inventada" ou "descoberta" pelo homem para atender a necessidade de descrever a posição de algum local de interesse comum, que poderia ser o traçado de um caminho que levasse até um curso d'água, à caça, ao abrigo, à festa etc.

No início, esses trajetos dos pontos de interesse eram apenas "rabiscados". Com o passar do tempo foi necessário detalhar com mais rigor essas descrições, passando a conter noções de direção, distâncias, e relevo dos locais descritos, como mostra a Figura 1.1. A partir dessa necessidade começaram as invenções dos primeiros métodos e instrumentos que auxiliavam a não se perder nesses trajetos.

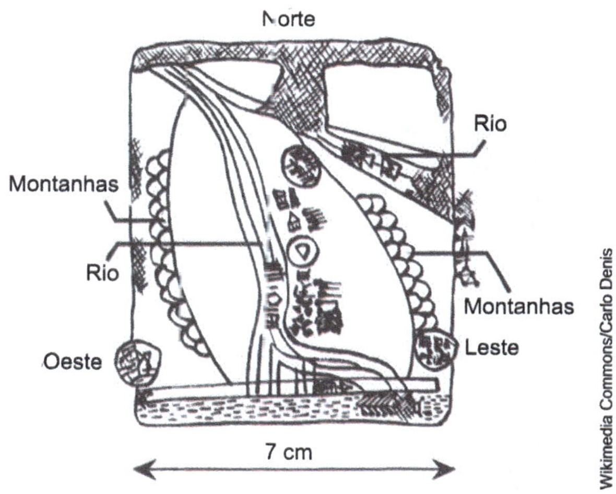

Figura 1.1 - Esboço explicativo do mapa mais antigo conhecido. O mapa está em uma tabuleta de argila suméria das escavações de Ga-Sur, em Nuzi (Iraque). O tablet é datado de 2.500 a.C. e é mantido no Museu Semita da Universidade Harvard, em Cambridge - Massachusetts, EUA.

A Topografia não aconteceu de repente. Ela se desenvolveu por meio de uma série de acontecimentos ao longo do tempo. Primeiro vieram os traçados dos caminhos conforme comentamos, e, na evolução desse processo surgiram mais tarde os primeiros aparelhos, como lunetas, espelhos e outros recursos para utilização na navegação marítima. Os navegantes utilizavam esses instrumentos avistando os astros, procedendo a cálculos e, assim, conseguiam determinar uma direção mais segura. Com essa direção assegurada conseguiam navegar no mau tempo, no menor percurso, e, assim, não se perdiam no mar nem se acidentavam.

Amplie seus conhecimentos

Em 1733 o inglês John Hadley construiu o octante, que mais tarde, em 1757, foi aprimorado por um oficial da Marinha Real inglesa, John Campbell, que o transformou em sextante, como mostra a Figura 1.2, e que funciona até hoje da maneira conforme foi adaptado, tendo sido alterados somente seus materiais de construção. Encontramos hoje sextante de material plástico.

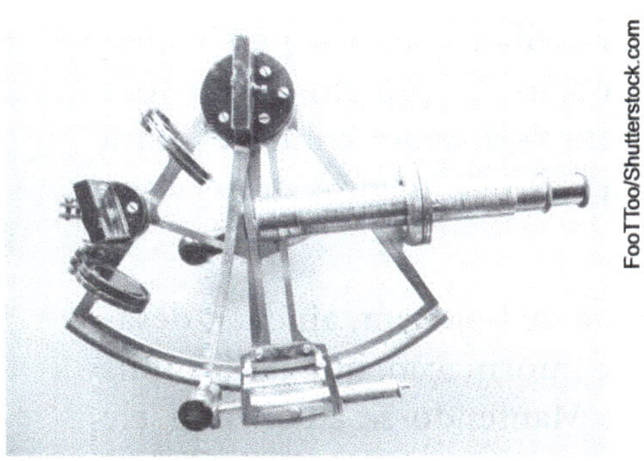

Figura 1.2 - Sextante.

Amplie seus conhecimentos

Na evolução do sextante veio o teodolito, mostrado na Figura 1.3, que foi empregado para determinar distâncias indiretas e medidas de ângulos, facilitando bastante os levantamentos de áreas que eram feitas sem bases matemáticas, ou seja, eram avaliadas.

Dario Sabljak/Shutterstock.com

Figura 1.3 - Modelo de um dos primeiros teodolitos.

Lembre-se

Para que a **Topografia** faça seu trabalho, ela utiliza vários equipamentos, como a trena, o nível, o teodolito, a estação total, o GPS e os computadores. Conta também com a Matemática e suas ferramentas, como a Trigonometria, a Geometria e as figuras que trabalham nessas ciências, ou seja, os triângulos, os polígonos, os ângulos, projeções etc.

1.5 O profissional de Topografia

Os serviços de Topografia poderão ser desenvolvidos por profissionais autônomos ou contratados pelas empresas executoras dos serviços. Quando as empresas não possuem esses profissionais em seu quadro de empregados, elas terceirizam, fechando contratos com autônomos ou empresas especializadas.

A Topografia é a primeira a chegar a uma obra e a última a sair. O topógrafo é o profissional que está presente em todas as etapas de um trabalho que envolva: coleta de dados, acompanhamento dos trabalhos passo a passo liberando frentes de serviço, confecção de projetos, medições para obtenção de quantidades para os diversos controles, para o recebimento de serviços, além dos pagamentos de serviços de terceiros.

O profissional de Topografia de hoje tem, ainda, o desafio da tecnologia dos sistemas de informação, que utilizam os recursos dos sinais dos satélites. Mantendo-se atualizado, ele se tornará mais competente para atender ao mercado cada vez mais exigente, como mostra a Figura 1.4.

CandyBox Images/Shutterstock.com

Figura 1.4 - Topógrafos atuando no campo.

1.6 O estudante de Topografia

O estudo da Topografia traz uma base importante para o seu desenvolvimento. Com esse aprendizado você vai desenvolver aptidões necessárias ao estudante técnico, como melhorar sua percepção para a avaliação de grandezas, qualidade essencial para quem vai trabalhar nas áreas da engenharia.

É primordial ressaltar também que se você optar por trabalhar como autônomo, precisará distinguir e avaliar orçamentos, contratos de serviços, contratação de pessoal e outros tantos valores que terão maior sucesso a partir do desenvolvimento da sua capacidade de comparação.

O estudante de Topografia formado em cursos de nível técnico, como Agrimensura, Estradas e Edificações, tem direito a se inscrever no Conselho Regional de Engenharia e Agronomia (CREA), podendo assim ser responsável técnico por seus trabalhos e ter uma profissão rendável e autônoma, Figura 1.5.

Figura 1.5 - Estudante do IFSP - Campus Caraguatatuba/SP em atividade prática.

Vamos recapitular?

Neste capítulo você viu o que é Topografia, como surgiu, para que serve e quem é o profissional que executa esses serviços, bem como as vantagens para o estudante desta disciplina.

Agora é com você!

1) Procure artigos sobre o tema Topografia para você conhecer mais sobre o assunto.

2) Pesquise na internet um pouco mais sobre o trabalho de um topógrafo e sua remuneração.

3) Ao passar por alguma obra, tente achar o profissional de Topografia no cenário e, se possível, descubra o que ele está fazendo. Vai servir para você comparar seus conhecimentos de agora com os do final do curso.

2

Revisão de Matemática

Para começar

Este capítulo vai fazer você lembrar alguns conceitos de Matemática bastante simples, mais muito importantes e necessários no seu aprendizado da Topografia.

2.1 Justificativa

A Topografia utiliza diversas relações da Matemática, principalmente a Geometria e a Trigonometria, amplamente usadas em várias operações, como no levantamento, no projeto, na locação e no acompanhamento dos trabalhos. Revisaremos neste capítulo os tópicos mais empregados nessas etapas.

2.2 Instrumentos

Para trabalhar os conceitos deste capítulo, você utilizará alguns instrumentos de desenho, como a régua graduada, o transferidor e, principalmente, uma calculadora científica, que precisa fazer operação direta com ângulos e ter as funções trigonométricas.

2.3 Revisão de geometria

Lembramos que a geometria é a parte da Matemática interessada nas questões de forma, tamanho e posição relativa de figuras.

2.3.1 Elementos da geometria

São as formas que ela utiliza para se expressar, como: ponto, reta, ângulos etc.

2.3.1.1 Segmento de reta

É a parte tomada entre dois pontos considerados em linha reta. Para exemplificar, veja a Figura 2.1.

Figura 2.1 - Segmento AB.

2.3.1.2 Ângulo

É a região que se situa no encontro de dois segmentos de reta. Os ângulos são definidos segundo suas aberturas e o valor de sua medida. Podem ser classificados com diversas denominações, dependendo de sua forma, conforme se observa nas Figuras 2.2 a 2.6.

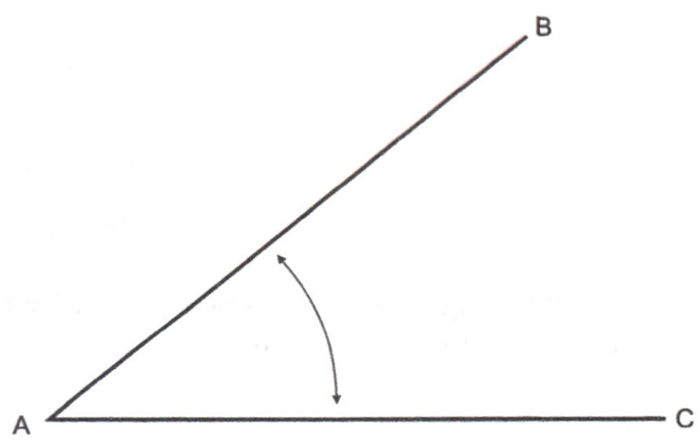

Figura 2.2 - Ângulo agudo, ou seja, menor que 90°.

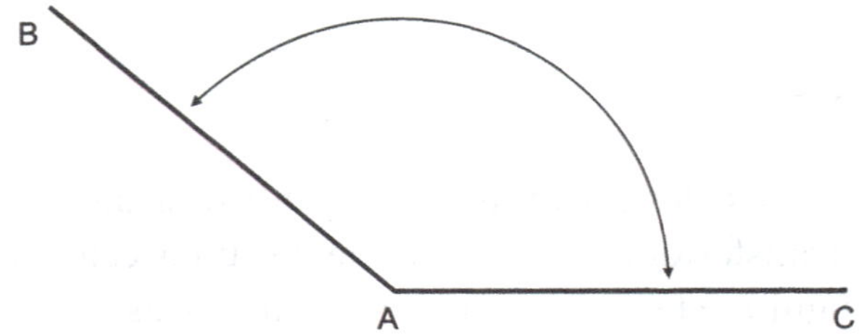

Figura 2.3 - Ângulo obtuso, ou seja, maior que 90°.

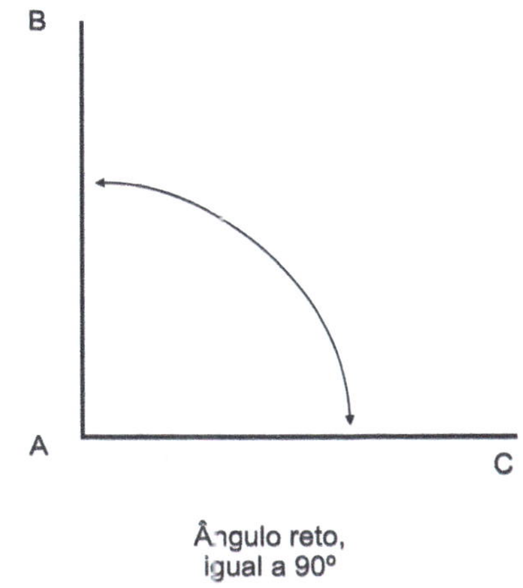

Figura 2.4 - Ângulo reto, ou seja, igual a 90°.

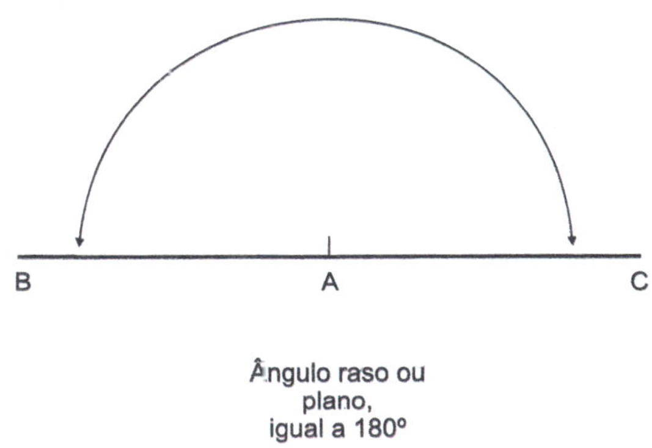

Figura 2.5 - Ângulo raso ou plano, ou seja, igual a 180°.

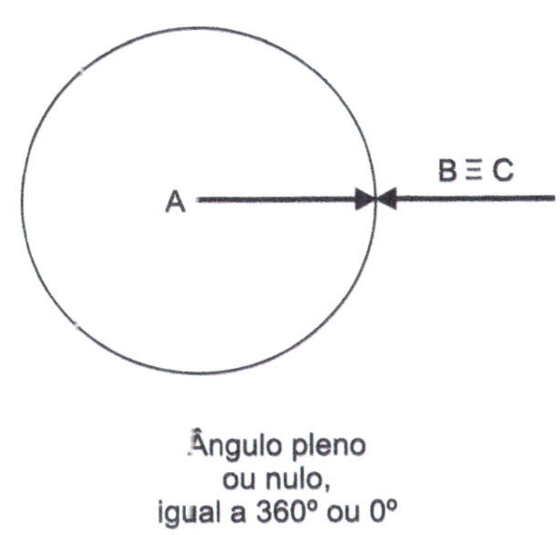

Figura 2.6 - Ângulo pleno ou nulo, ou seja, igual a 360° ou 0°.

Com relação à mensuração, dos ângulos, o círculo, por exemplo, pode ser dividido de várias formas. No entanto, em Topografia, vamos trabalhar com os ângulos medidos em graus, que tem para notação de escrita o símbolo (°).

O grau é uma parte da divisão do círculo em 360 partes, portanto cada parte mede 1°. Dividindo-se o grau em 60 partes, obtemos 1 minuto, que representamos com a notação ('), ficando portanto escrito 1'. Dividindo-se o minuto em 60 partes, obtemos 1 segundo, que representamos com a notação ("), ficando portanto escrito 1".

Lembre-se

- 1° = 60' (1 grau tem 60 minutos)
- 1' = 60" (1 minuto tem 60 segundos)

Fique de olho!

- Apesar de minutos e segundos serem os mesmos nomes usados para denominação de hora, aqui não significam a mesma coisa.
- A notação de polegada é igual à de segundos, que é escrita ("), mas trata-se apenas de notação, pois as medidas são totalmente distintas.
- Existem outras formas de se dividir o círculo, chamadas de grados e radianos, mas não vamos estudá-las porque não são usuais na Topografia.

As operações com ângulos acontecem quando precisamos somar, subtrair, multiplicar e dividir os ângulos.

Ao operarmos com os ângulos, devemos fazê-lo considerando cada uma de suas partes, ou seja, operamos separadamente os graus, os minutos e os segundos, se fizermos as operações "à mão". Para se operar com a calculadora, registramos os ângulos na ordem em que estão escritos, inserindo os graus, depois os minutos e a seguir os segundos na mesma tecla; em seguida, fazemos as operações. Na calculadora, as operações já fazem as transformações de conversão de minutos e segundos, facilitando bastante o trabalho.

Fique de olho!

- Sempre que na medida de um ângulo houver um valor maior que 60 minutos, ou 60 segundos, ele precisa ser convertido.
- O complemento de um ângulo é o valor que lhe falta para 90°.
- O suplemento de um ângulo é o valor que lhe falta para 180°.
- O replemento de um ângulo é o valor que lhe falta para 360°.

2.4 Revisão de trigonometria

Lembramos que a trigronometria é a parte da Matemática que trabalha a relação entre os lados e ângulos dos triângulo retângulo para diferentes valores de um dos seus ângulos agudos.

2.4.1 Lei dos senos e dos cossenos

Vejamos a lei dos senos aplicada a um triângulo qualquer, em que a, b e c são seus lados, e, A, B e C são seus vértices:

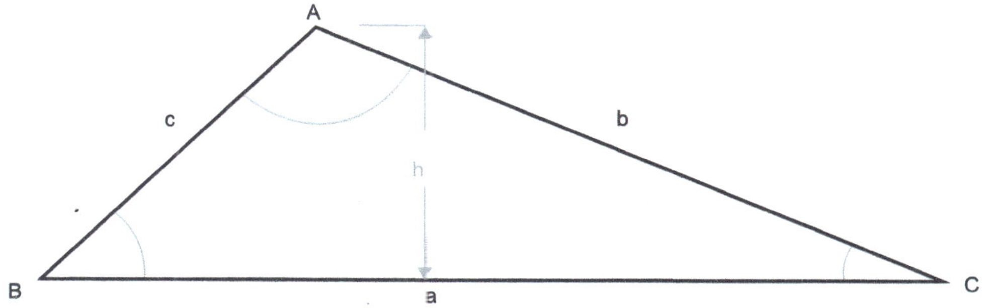

$$\frac{a}{\text{sen } A} = \frac{b}{\text{sen } B} = \frac{c}{\text{sen } C}$$

Agora, vejamos a lei dos cossenos aplicada a esse mesmo triângulo, em que a, b e c são lados, e A, B e C são vértices. Temos que:

$$a^2 = b^2 + c^2 - 2 \times b \times c \times \cos A$$

$$b^2 = a^2 + c^2 - 2 \times a \times c \times \cos B$$

$$c^2 = a^2 + b^2 - 2 \times a \times b \times \cos C$$

Para o cálculo da área em um triângulo qualquer, temos duas formas: a clássica e o teorema de Heron (para um triângulo de lados a, b e c e perímetro indicado por $2p = a + b + c$).

Tabela 2.1 - Fórmulas utilizadas para o cálculo da área em um triângulo

Fórmula clássica	Teorema de Heron
$S = \frac{a \cdot h}{2}$	$S = \sqrt{p(p-a)(p-b)(p-c)}$

2.4.2 Triângulo retângulo

Agora vamos falar de uma figura muito respeitada na Topografia, o famoso triângulo retângulo, que possui várias relações matemáticas com as quais iremos trabalhar:

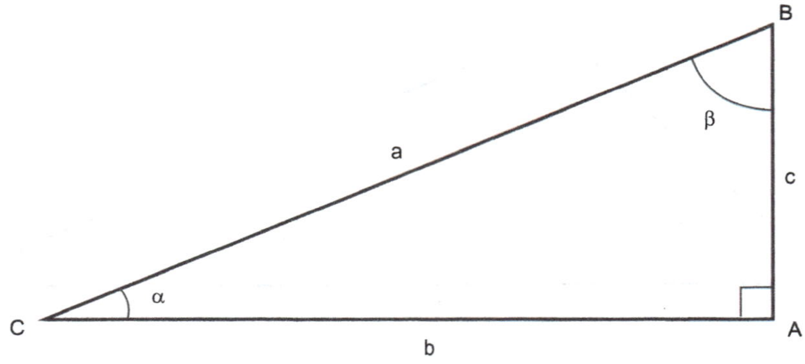

No triângulo retângulo, os lados b e c são chamados de catetos; o lado a é chamado de hipotenusa. O lado que fica oposto a um ângulo é chamado cateto oposto, e o lado que faz parte do ângulo se chama cateto adjacente: em relação ao vértice C, o lado c é o cateto oposto e o lado b é o cateto adjacente; o mesmo acontece para o vértice B.

No vértice A temos um ângulo reto; nos vértices B e C temos ângulos agudos.

Pelo teorema de Pitágoras, "o quadrado da hipotenusa é igual à soma dos quadrados dos catetos":

$$a^2 = b^2 + c^2$$

A aplicação do teorema ocorre conforme demonstrado como na Figura 2.7.

Fique de olho!

- A soma dos ângulos internos de qualquer triangulo é 180°.
- O triângulo escaleno tem os três lados distintos.
- O triângulo isósceles tem dois lados iguais.
- O triângulo equilátero tem os três lados iguais.
- O perímetro de qualquer figura geométrica é o comprimento da linha que a descreve. No caso do polígono, é a soma dos comprimentos de seus lados; já para o círculo, é o comprimento da circunferência.
- Um uso bem difundido do triângulo retângulo no dia a dia da obra é marcação do ângulo reto. Marcando-se dois catetos com 6 e 8 m, a hipotenusa medirá 10 m. Muito empregado para alinhamento de "gabaritos" nas obras.

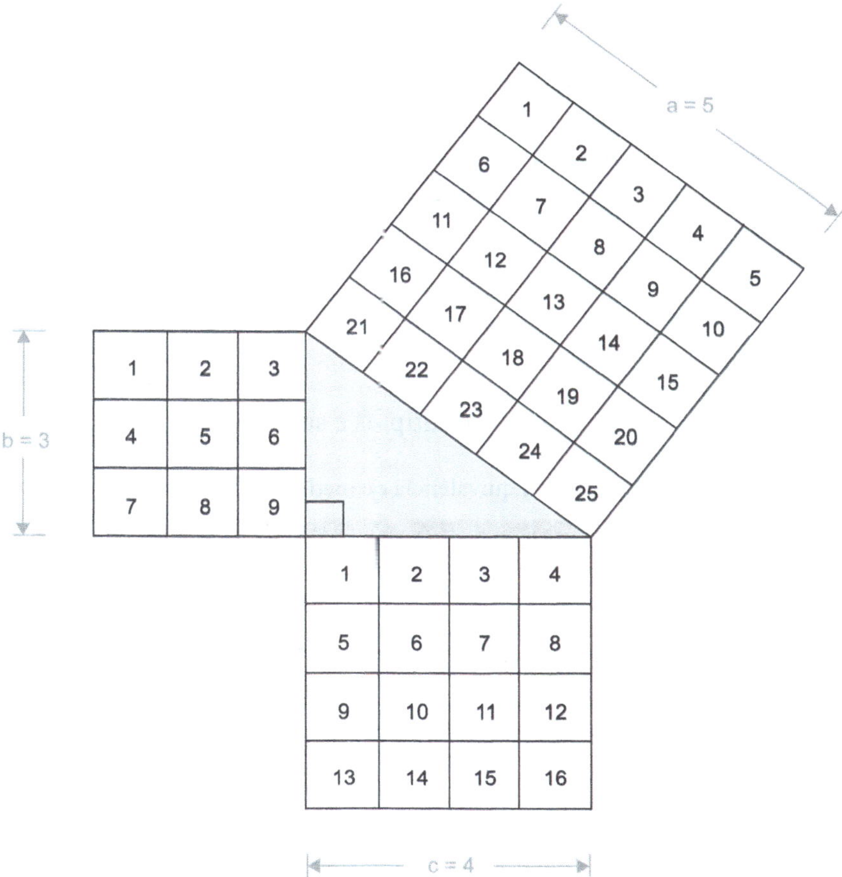

Figura 2.7 - Esquema de exemplo numérico para o teorema de Pitágoras.

Pelas relações no círculo trigonométrico, temos as seguintes fórmulas:

$$\text{sen } \alpha = \frac{\text{cateto oposto (c)}}{\text{hipotenusa (a)}}$$

$$\cos \alpha = \frac{\text{cateto adjacente (c)}}{\text{hipotenusa (a)}}$$

$$\text{tg } \alpha = \frac{\text{cateto oposto (c)}}{\text{cateto adjacente (b)}}$$

2.5 Unidades de medidas

A medida tem o papel fundamental de quantificar as grandezas que precisamos exprimir para nossas necessidades diárias, como o peso em transações de compra e venda, a extensão para os casos de distâncias. Mas ainda não chegamos a um consenso em termos de unificação delas em todo o planeta. Enquanto a distância aqui é medida em quilômetros, existem vários países em que se adota a milha.

No Brasil adotamos o metro (m) como unidade de medida linear, ou de comprimento. Em consequência, temos para as medidas de superfície o metro quadrado (m^2), e para medidas de volume o metro cúbico (m^3).

Para as medidas lineares, o metro tem os múltiplos e submúltiplos demonstrados na Tabela 2.2.

Tabela 2.2 - Equivalência de medidas lineares

Nome	Símbolo	Equivalente
quilômetro	km	1 km = 1000 m
hectômetro	hm	1 hm = 100 m
decâmetro	dam	1 dam = 10 m
metro	m	1 m = 1 m
decímetro	dm	1 dm = 0,1 m
centímetro	cm	1 cm = 0,01 m
milímetro	mm	1 mm = 0,001 m

Para as medidas de superfície, o metro quadrado tem os múltiplos e submúltiplos demonstrados na Tabela 2.3.

Tabela 2.3 - Equivalência de medidas de superfície

Nome	Símbolo	Equivalente
quilômetro quadrado	km^2	1 km^2 = 1.000.000 m^2
hectômetro quadrado	hm^2	1 hm^2 = 10.000 m^2
decâmetro quadrado	dam^2	1 dam^2 = 100 m^2
metro quadrado	m^2	1 m^2 = 1 m^2
decímetro quadrado	dm	1 dm^2 = 0,01 m^2
centímetro quadrado	cm^2	1 cm^2 = 0,0001 m^2
milímetro quadrado	mm^2	1 mm^2 = 0,000001 m^2

Para as medidas de superfície agrárias, bastante usuais em Topografia, temos os valores demonstrados na Tabela 2.4.

Tabela 2.4 - Equivalência de medidas de superfície agrárias

Nome	Símbolo	Equivalente
centiare	ca	1 ca = 1 m^2
are	a	1 a = 1 dam^2 = 100 m^2
hectare	ha	1 ha = 1 hm^2 = 10.000 m^2
alqueire paulista	-	1 alqueire = 24.200 m^2
alqueire mineiro	-	1 alqueire = 48.400 m^2

Fique de olho!

» As medidas agrárias não têm um consenso em todo o Brasil; atualmente vem sendo mais utilizado como padrão o hectare.

» A medida de 1 hectare é igual a de 1 hectômetro quadrado, ou seja, 10.000 m^2.

» Uma grande decisão para o impasse de terras no Brasil é a exigência legal de registros com a implantação do Cadastro de Imóveis Rurais (CNIR), com medidas e descrição pelo sistema de Georreferenciamento, que é feito por coordenadas de satélites (GPS).

Exercícios resolvidos

Estes são alguns exercícios para sua observação, que pretendem servir como apoio e referência para a resolução dos exercícios propostos.

Exercícios de geometria

1) Escreva a leitura do ângulo 35° 45' 16" como se fala, ou seja:

   Resolvendo: 35° 45' 16"

2) Usando a forma numérica, escreva o ângulo: quarenta e cinco graus, dezoito minutos e vinte e sete segundos, ou seja:

   Resolvendo: 45° 18' 27"

3) Converta 65' para graus e minutos.

   Resolvendo: Se 1° = 60', então em 65' temos 1°, e o restante da subtração 65' – 60' = 5'. Então, juntando o 1° com os 5' temos a solução: a conversão de 65' é 1° 5'.

4) Converta 124" para minutos e segundos.

   Resolvendo: Se 1' = 60", tirando duas vezes 60" dos 124", o ângulo ficará medindo 2' 4".

5) Some os ângulos: 15° 47' 26" com 125° 11' 17", indicados na ilustração a seguir:

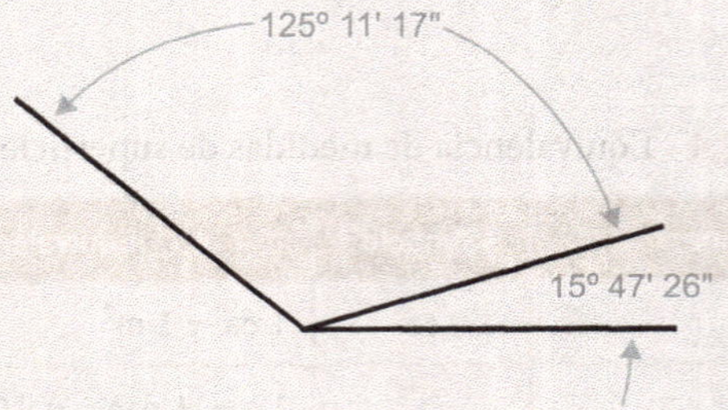

Resolvendo "à mão": somamos separadamente os graus, minutos e segundos.

75° + 125° = 200°

47' + 11' = 58'

26" + 17" = 43"

Resolvendo com a calculadora: registramos primeiro 75°; depois, 47'; por último, 26". Pressionamos a tecla (° ′ ″) em cada registro, depois, a tecla + , e concluímos fazendo o registro do ângulo 125° 11' 17" da mesma forma. Feito isso, pressionamos a tecla =.

6) Qual é o ângulo suplementar de 145°, indicado na figura a seguir?

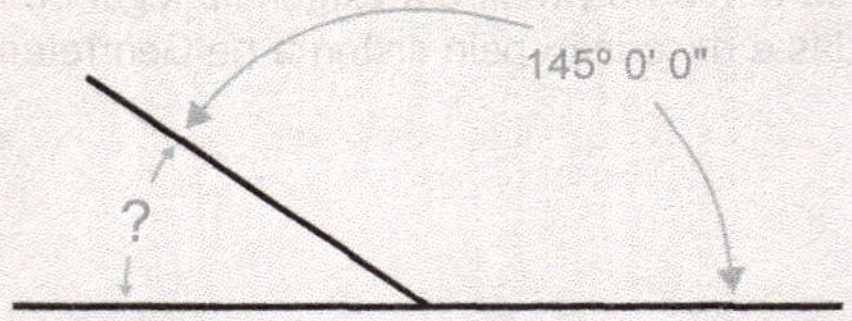

Resolvendo: Se o suplemento é o valor que falta para 180°, então 180° – 145° = 35°.

Exercícios de trigonometria

1) Considerando um triângulo qualquer:

a) Se B = 55° e C = 40°, qual é o valor do ângulo A?

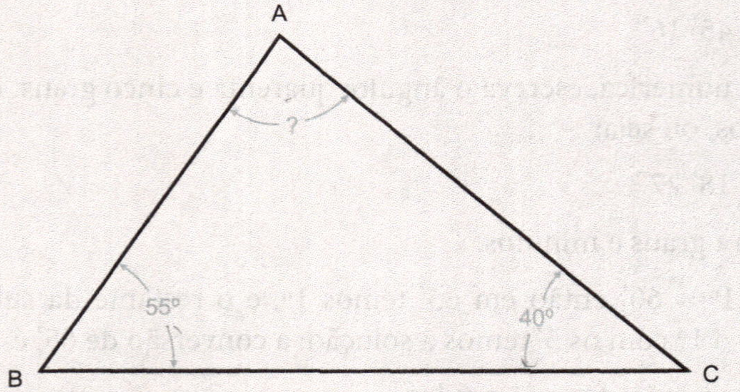

Resolvendo: Se A + B + C = 180°, então: 180° – (55° + 40°) = C, logo...

b) Se A = 70°, B = 75°, C = 35° e a = 13,00 m, quais são os valores de b e c?

Considere sen 35° = 0,57, sen 75° = 0,97, sen 70° = 0,94

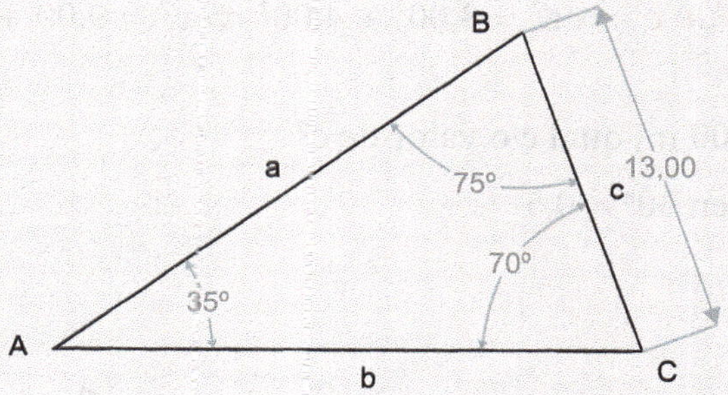

Resolvendo: Se a / sen A = b / sen B = c / sen C, então: 13,00 / sen 35° = b / sen 75° = c / sen 70°

Para: 13,00 / sen 35° = b / sen 75° ⇒ 13,00 / 0,57 = b / 0,97 ⇒ b = 22,12 m;

Para: 13,00 / sen 35° = c / sen 70° ⇒ 13,00 / 0,57 = c / 0,94 ⇒ c = 21,44 m.

c) Se o lado a mede 23,00 m e h mede 7,00 m, qual é a área do triângulo?

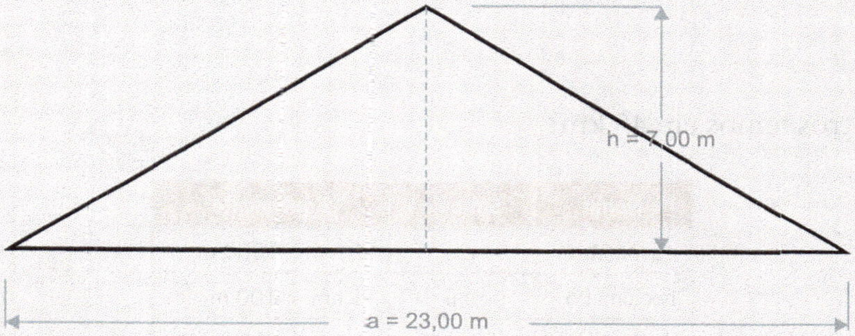

Considerando que a área é $S = a \cdot h / 2 \Rightarrow S = 23{,}00 \times 7{,}00 / 2 \Rightarrow S = 115{,}50\ m^2$.

2) Considerando um triângulo retângulo:

a) Se b = 3,00 m, c = 4,00 m, qual é o valor de a?

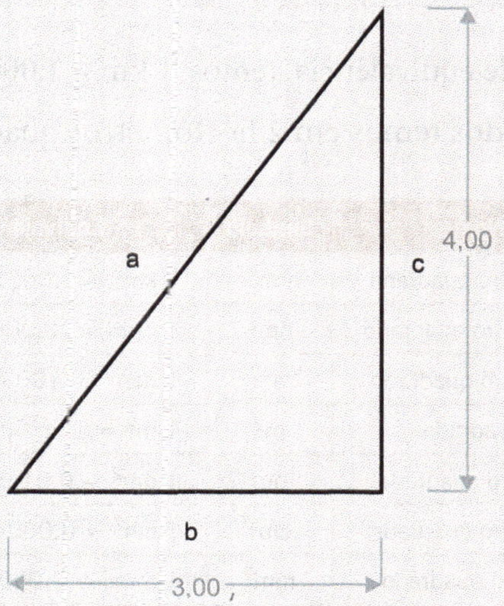

Resolvendo: Se $a^2 = b^2 + c^2 \Rightarrow a^2 = 3{,}00^2 + 4{,}00^2 \Rightarrow a^2 = 9{,}00 + 16{,}00 \Rightarrow a^2 = 25{,}00$, então $a = 5{,}00$ m

b) Se C = 30º, a = 5,00 m, qual é o valor de c?

Considerando: sen 30º = 0,5

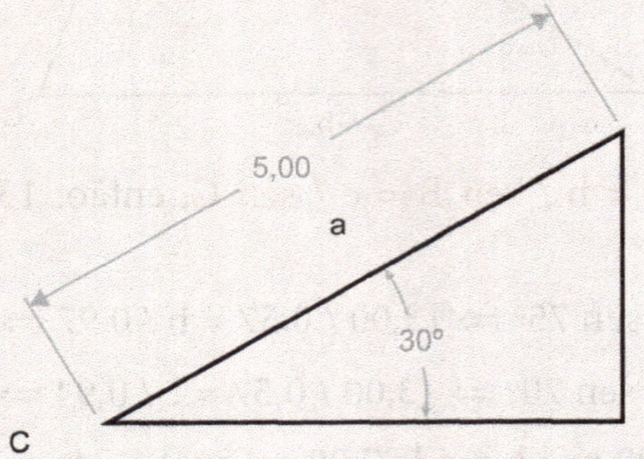

Assim: Se sen C = c / a $\Rightarrow$ sen 30º = c / 5,00 $\Rightarrow$ 0,5 = c / 5,00, então c = 2,50 m

Exercícios de medidas

1) Quantos metros temos em 45 km?

Nome	Símbolo	Equivalente
quilômetro	km	1 km = 1000 m
hectômetro	hm	1 hm = 100 m
decâmetro	dam	1 dam = 10 m
metro	m	1 m = 1 m
decímetro	dm	1 dm = 0,1 m
centímetro	cm	1 cm = 0,01 m
milímetro	mm	1 mm = 0,001 m

Utilizando a Tabela 2.2, de equivalência, temos: 1 km = 1.000 m, então 45 × 1.000 = 45.000 m

1.2) Quantos metros quadrados temos em 2 hectômetros quadrados?

Nome	Símbolo	Equivalente
quilômetro quadrado	km^2	$1\ km^2 = 1.000.000\ m^2$
hectômetro quadrado	hm^2	$1\ hm^2 = 10.000\ m^2$
dacâmetro quadrado	dam^2	$1\ dam^2 = 100\ m^2$
metro quadrado	m^2	$1\ m^2 = 1\ m^2$
decímetro quadrado	dm	$1\ dm^2 = 0{,}01\ m^2$
centímetro quadrado	cm^2	$1\ cm^2 = 0{,}0001\ m^2$
milímetro quadrado	mm^2	$1\ mm^2 = 0{,}000001\ m^2$

Utilizando a Tabela 2.3 de equivalência, temos: 1 hm^2 = 10.000 m^2, então 2 × 10.000 = 20.000 m^2.

1.3) Quantos hectares temos em 12 alqueires mineiros?

Nome	Símbolo	Equivalente
centiare	ca	1 ca = 1 m^2
are	a	1 a = 1 dam^2 = 100 m^2
hectare	ha	1 ha = 1 hm^2 = 10.000 m^2
alqueire paulista	-	1 alqueire = 24.200 m^2
alqueire mineiro	-	1 alqueire = 48.400 m^2

Da Tabela 2.4 de equivalência, temos: 1 ha = 10.000 m^2 e 1 alqueire mineiro = 48.400 m^2; então: 12 × 48.400 = 580.800, que divididos pelo hectare, 580.800 / 10.000 = 58,08 ha.

Vamos recapitular?

Neste capítulo você revisou seu aprendizado sobre os conceitos e operações matemáticas, envolvendo Geometria, Trigonometria e as medidas de maior emprego para uso na Topografia.

É bastante importante que você tenha compreendido bem este capítulo e volte nele para consultar suas dúvidas, pois ele é a base do desenvolvimento dos cálculos que fará em seus estudos e no seu trabalho futuramente.

Agora é com você!

Resolva os exercícios de geometria a seguir de duas formas, procedendo à operação "à mão" e usando a calculadora.

1) Some os ângulos 15° 47' 26" com 125° 11' 17" da figura a seguir:

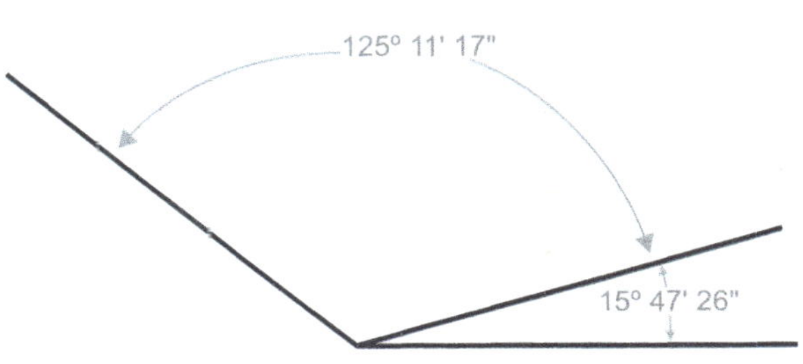

2) Some os ângulos 35° 57' 26" com 158° 41' 49" da figura a seguir:

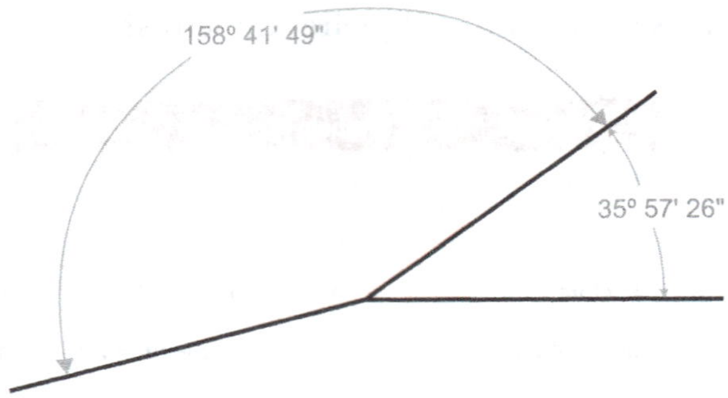

3) Subtraia os ângulos 28° 47' 25" de 125° 58' 16" da figura a seguir:

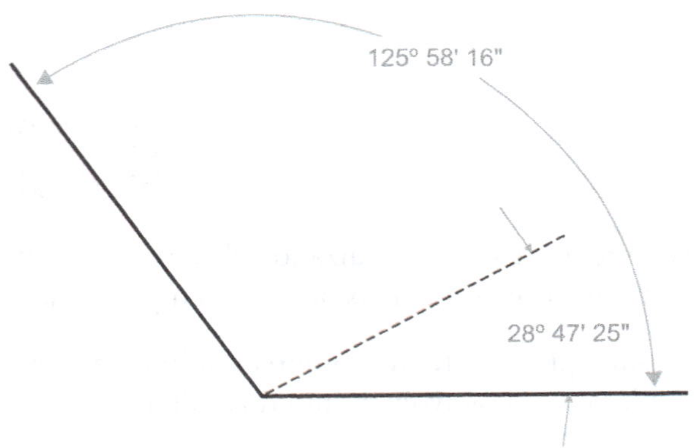

4) Subtrair os ângulos 64° 55' 15" de 85° 34' 19" da figura a seguir:

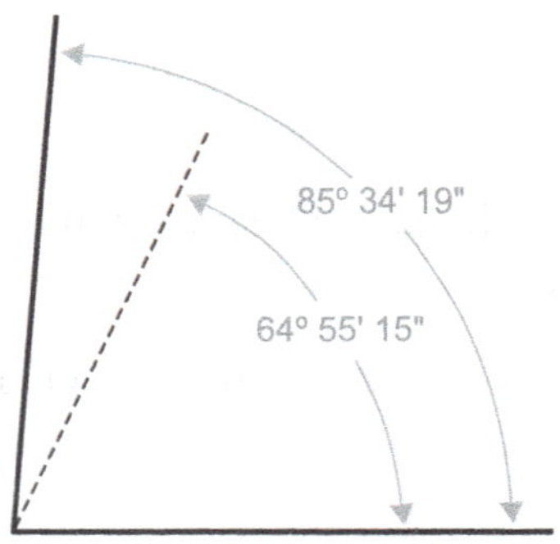

Resolva os exercícios de trigonometria a seguir de duas formas, procedendo à operação "à mão" e usando a calculadora.

5) Calcule o ângulo C no triângulo a seguir:

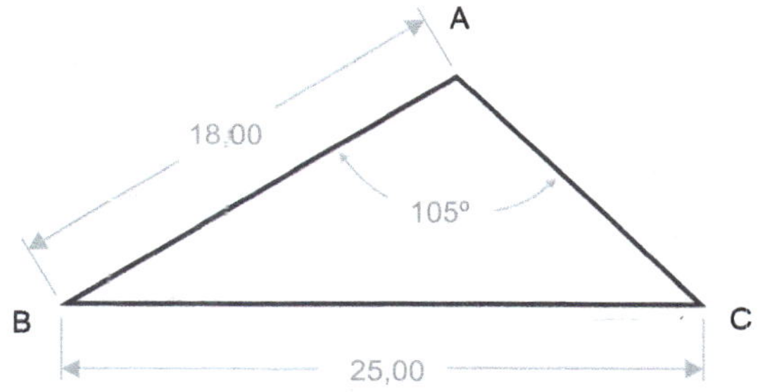

6) Se em um triângulo retângulo os catetos medem 8 m e 9 m, qual é a medida da hipotenusa?

7) Usando a calculadora científica, calcule:

a) sen 30° 00' 00"

b) sen 150° 00' 00"

c) cos 60° 00' 00"

d) cos 300° 00' 00"

8) Pesquise a razão de os exercícios da letra c apresentarem os mesmos resultados.

9) Calcule a área do triângulo abaixo usando o Teorema de Heron, sabendo que ele possui:

a = 9,00 m, b = 7,00 m e c = 5,00 m.

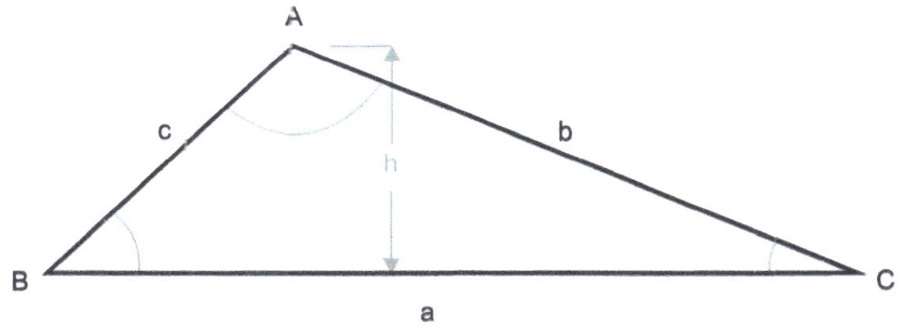

10) Qual é a altura de uma torre cuja sombra se estende por 30 m quando o sol está a uma altura de 45° em relação ao horizonte?

11) Um lote urbano tem a forma de um retângulo, sendo que o seu comprimento é três vezes maior que a sua largura e sua área é de 1.200 m^2. Calcule o comprimento dos lados.

12) Aplicando o Teorema de Heron, calcule a área do triângulo cujos lados medem 50, 70 e 90 m.

13) Um terreno tem a forma triangular, e as medidas dos seus lados são: 20, 26 e 10 m. Qual é a área desse terreno?

14) Um triângulo que serviu de apoio para um levantamento tem os seguintes valores: A = 51° 16' 39"; B = 74° 16' 35"; C = 54° 26' 46"; lado BC = 10,60 m. Calcular o comprimento do lado AB.

15) Usando as tabelas do texto, transforme:

 a) 355,00 dam^2 em m^2.

 b) 140.027 m^2 em ha.

 c) 12.435,00 ha em m^2.

3

Equipamentos de Uso na Topografia

Para começar

Neste capítulo você vai ver nomes e termos utilizados pela Topografia, alguns provavelmente pela primeira vez, mas outros até bastante conhecidos. São os aparelhos, instrumentos, ferramentas e acessórios necessários à execução de um trabalho topográfico.

3.1 Introdução

A denominação equipamentos se aplica a todo dispositivo necessário para a execução de um trabalho de Topografia, seja ele um aparelho, um instrumento, um acessório ou uma ferramenta.

3.2 Aparelhos, instrumentos, acessórios e ferramentas

Vamos mencionar dos mais simples aos mais complexos:

» Para o campo: piquete, estaca, tachinha, prego, martelo, marreta, facão, motosserra, pincel, tinta em lata, tinta em spray, mangueira, guarda-sol, prancheta de mão, caderneta de campo, marco de concreto, baliza, prumo, trena, mira, tripé, bipé, prisma, bússola, nível, teodolito, estação total, GPS de navegação, GPS de precisão.

» Para o escritório: lapiseira, borracha, régua, transferidor, compasso, escalímetro, planímetros, papéis, mesa para desenho, computador, *plotter*.

Bastante coisa? Logo você se acostuma; é só começar a usar. Então vamos lá!

3.2.1 Piquete

É um acessório constituído de um pedaço de madeira, em geral com aproximadamente 20 a 30 cm de comprimento, e de várias medidas das larguras, podendo ser 2 × 4 cm de largura, como as ripas compradas nas casas de material de construção, que terá uma das pontas desbastada e a outra plana. É possível observá-lo na Figura 3.1. A ponta desbastada será firmemente cravada no solo, e no lado plano se coloca uma tachinha ou um prego pequeno. Os piquetes servem para definir o local exato em que vamos instalar uma ferramenta, como uma baliza ou mira, ou um instrumento, como um teodolito ou estação total, e essa instalação será feita exatamente sobre esta tachinha ou prego. Mais tarde vamos chamar esse local de estação.

Prepare-se para carregar um saco de piquetes para o campo, pois não tem outra forma de eles chegarem ao destino.

Robnroll/Shutterstock.com

Figura 3.1 - Piquete cravado e pintado para melhor identificação na grama.

3.2.2 Estaca

É um acessório constituído por um pedaço de madeira, que varia de 30 cm até 1 m, podendo ter também as mesmas dimensões de largura e servirá de "testemunha", como será chamada, pois vai ficar ao lado do piquete para mostrar sua localização. Nela haverá uma inscrição de identificação, já que não é possível se escrever de forma legível em um piquete. Observe a Figura 3.2.

As estacas também vão ensacadas para o campo, e haja marretada para cravar estaca e piquete em terreno de solo duro.

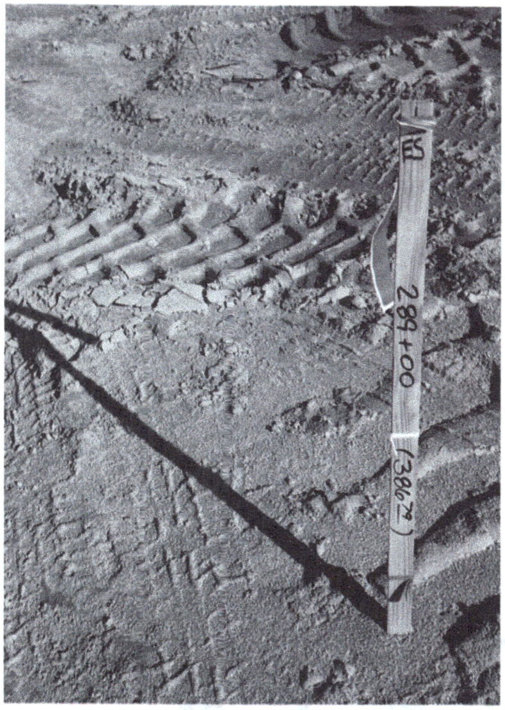

Figura 3.2 - Estaca demarcando o serviço a ser executado no local.

3.2.3 Tachinha, prego, martelo, marreta, facão, motosserra, pincel, tinta em lata, tinta em spray, garrafa térmica, nível de pedreiro, mangueira

São ferramentas de uso diário, com as adaptações necessárias, pois o prego não é dos grandes, para pregar caibros, mas são de tamanhos que o serviço requer: pequenos como as tachinhas, para serem fixados nas cabeças dos piquetes, e um pouco maiores, para serem fixados no asfalto, definindo, assim, as estações; as marretas não são das grandes para quebrar pedras, mas são as pequenas para cravarem os piquetes e as estacas no solo e os pregos no asfalto; facões para cortar o mato, abrir picadas; motosserra para quando o mato for de arbustos; pincel e tinta em *spray* para pintar a identificação mencionada onde for necessário; as mangueiras serão usadas para determinar nivelamento, ficando conhecidas como mangueiras de nível.

- Os pregos ou tachinhas deverão estar em recipientes plásticos, de preferência com tampa rosqueada, para que não se espalhem.
- Os facões só ficarão fora da bainha quando estiverem em uso;
- Recipientes de combustível das motosserras deverão ser transportados com o devido cuidado, pois pegam fogo e danificam outros equipamentos e veículo.
- Cuidado na hora de derrubar a árvore. Ela precisa cair do lado que não corra o risco de atingir a cabeça de ninguém, principalmente a sua.

» Latas de tinta, pincéis e sprays devem estar bem acondicionados para não derramar e estragar outros equipamentos ou o veículo.

» As garrafas para água deverão ser térmicas, de tamanho fácil de ser transportadas e em quantidade suficiente para ninguém passar sede. Devem ser lavadas e ter a água renovada todos os dias. Ah, também não se esqueça dos copos plásticos individuais! Se levar os descartáveis, traga os usados para o lixo; não os espalhe pelo caminho.

» As mangueiras utilizadas para nível deverão ser guardadas enroladas para que não se embolem, e, se guardadas cheias devem ter as pontas bem fechadas.

O nível de pedreiro, representado na Figura 3.3, é construído com níveis de bolha. Na Topografia é utilizado para o nivelamento das réguas em Levantamentos Altimétricos. É utilizado também em nivelamentos rápidos em pequenos serviços nas obras, como o nivelamento horizontal e vertical de uma fiada de tijolos, o assentamento de guarnições de portas e janelas etc.

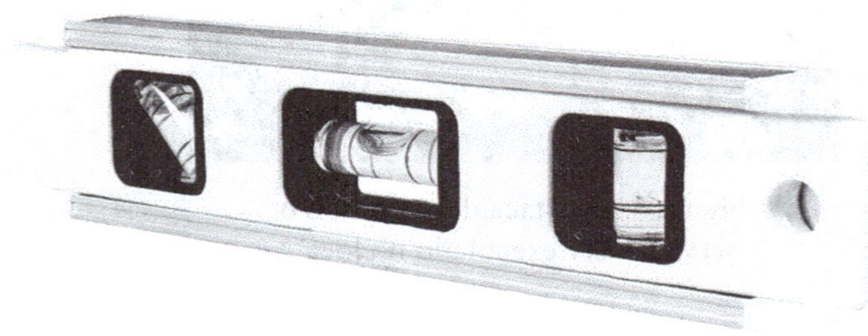

Figura 3.3 - Nível de pedreiro.

3.2.4 Guarda-sol

É uma ferramenta bastante comum, como os de uso nas praias, devendo conter uma haste para apoio no chão. Deve ser utilizado para que os aparelhos fiquem à sombra, de forma que não sofram distorções nem avarias em seu funcionamento.

Não utilize o guarda-sol em dias de chuva. Apesar de atualmente alguns aparelhos serem à prova d'água, a maioria não deve ser molhada.

3.2.5 Prancheta de mão

É uma ferramenta feita de plástico, acrílico, aglomerado ou similar, de aproximadamente 35 × 25 cm, com prendedor de papel, para utilizar nas anotações de campo, ao fazer os croquis e preencher as cadernetas, conforme se observa na Figura 3.4.

Figura 3.4 - Profissional indicando a prancheta de mão.

Não faça desenhos nem anotações diretamente na prancheta, pois ela fica com aspecto de quem não é cuidadoso. Use sempre os papéis.

3.2.6 Caderneta de campo

É um acessório, também chamado de planilha, reproduzido na Tabela 3.1, utilizado para anotações dos diversos tipos de atividades, como os de nivelamento, levantamento e locação, termos que serão vistos mais à frente.

As cadernetas devem conter o máximo de informações e sempre legíveis. Evite fazer anotações a caneta; use sempre a lapiseira para que possa apagar. Não rabisque seu trabalho.

Tabela 3.1 - Caderneta de campo utilizada pelo autor em aulas práticas

Planilha de levantamento - poligonal

Cliente: ______________________________

Local: ______________________________

Profissional: ______________________________ Data: ______________

Altura do aparelho	Estação	Ponto visado	Ângulo horizontal	Fio superior	Fio médio	Fio inferior	Ângulo vertical	Observações

3.2.7 Marco de concreto

É um acessório. Serve para identificar um local de referência para orientação dos trabalhos. Pode ser arbitrário, criado para o interesse de um trabalho específico, e deve estar implantado dentro dos limites do local desse trabalho. Pode ser oficial, criado por órgãos de normatização como IBGE, Incra, prefeituras ou empresas que trabalham com interesses públicos, como as concessionárias de energia, Petrobras e Furnas, por exemplo. Deve estar implantado em locais de fácil acesso aos serviços de Topografia, como praças, parques e cabeceiras de pontes. Tem preso no topo de seu corpo uma chapa de metal com as inscrições de sua identificação gravadas, conforme se observa na Figura 3.5.

Os marcos de concreto são protegidos por lei. Coopere na preservação deles.

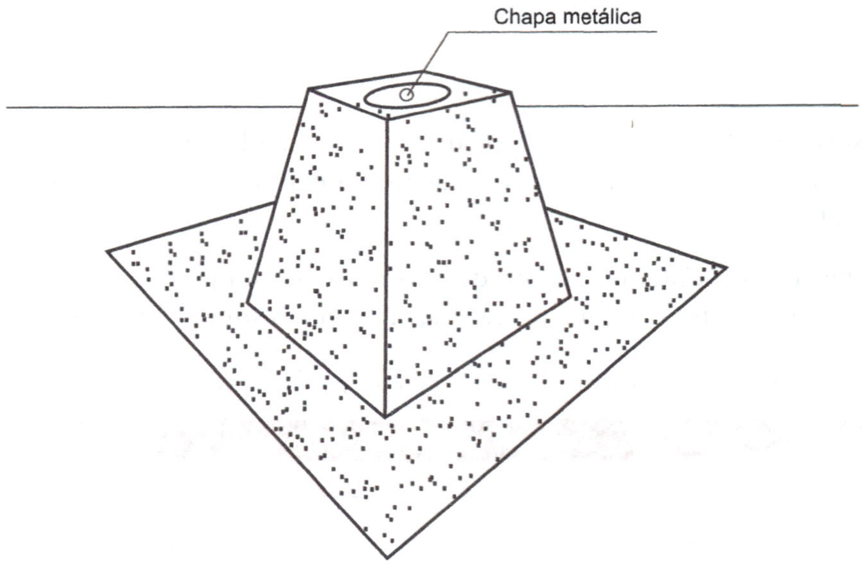

Figura 3.5 - Marco de concreto com chapa metálica.

3.2.8 Baliza

É um acessório, feito de tubos de ferro, com diâmetro que aproximadamente 2 cm, com ponta de ferro, dividida em dois lances de 1 m, com rosca para montar e desmontar, facilitado assim seu transporte, pintada em faixas de 50 cm, de vermelho e branco ou preto e branco, facilitando a visualização no campo.

Baliza não é flecha nem dardo. Assim, evite ficar brincando de jogá-la ou de espetá-la no chão, pois danifica a ponta e dá a impressão de profissional descuidado.

3.2.9 Nível de cantoneira

A cantoneira, ilustrada na Figura 3.6, é um acessório, feito de plástico ou de ferro, com uma bolha circular que serve para, acoplado à baliza, deixá-la corretamente na vertical.

Se não transportar com cuidado, quebra a bolha. Quando não estiver usando, guarde separado da baliza.

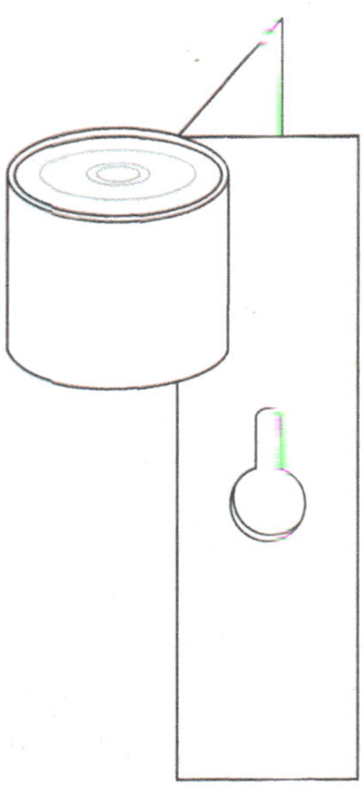

Figura 3.6 - Nível de cantoneira.

3.2.10 Prumo

É um acessório para o trabalho topográfico, mas de uso comum pelos pedreiros nas obras, e que aqui servirá para determinar a instalação exata dos aparelhos sobre as estações. Ele pode ser observado na Figura 3.7.

Figura 3.7 - Prumo utilizado para instalação de aparelhos.

Depois de usar, guarde imediatamente na caixa. Se deixar no chão, principalmente se for mato, corre o risco de ser esquecido porque você não vai enxergá-lo.

3.2.11 Trena analógica

É um acessório para o trabalho topográfico, mas de uso comum, e que aqui será utilizado para proceder às medidas horizontais, verticais e inclinadas, lidas diretamente em sua fita, que pode ser de tecido, fibra de vidro e aço. Tem comprimento variável, podendo ir de 3 m, como nas trenas de bolso, até 50 m, para as de uso no campo. As larguras das fitas vão de 0,5 a 2 cm nas mais comerciais. Normalmente tem duas marcações: uma em metros e outra em polegadas. A marcação em metros é feita com tracinhos em milímetros e com numeração impressa a cada centímetro. A marcação em polegada é feita com tracinhos a cada 1/8 de polegada e com numeração impressa a cada polegada. Veja essa trena na Figura 3.8.

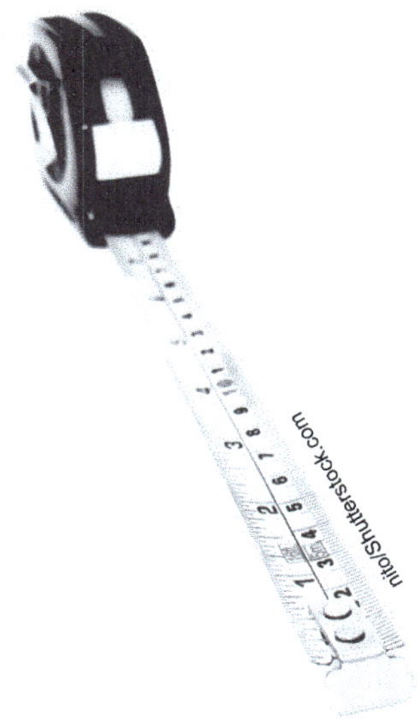

Figura 3.8 - Trena pequena de fita metálica.

Nunca transporte a trena embolada. Ela deve ser guardada enrolada no seu carretel e ser limpa no final do dia. Trena suja estraga e causa má impressão do responsável por ela.

3.2.12 Trena digital

É um acessório para o trabalho topográfico, e conforme aconteceu com tantos outros equipamentos de uso analógico/mecânico, como as balanças para vendas por peso, a tecnologia também beneficiou as trenas. Além do mostrador digital, fazem leitura por *laser*, simplificando muito o trabalho. Em vez de apenas "esticar" a trena, fazer a leitura e até proceder as medidas em locais inacessíveis, ela processa também cálculos de áreas e volumes, termos que vamos ver adiante. Veja essa trena na Figura 3.9.

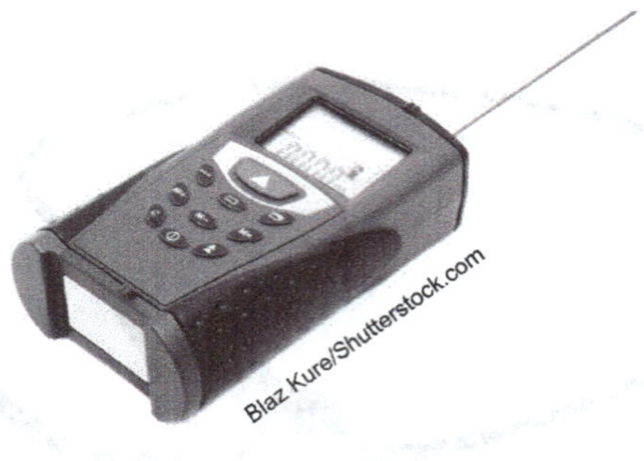

Figura 3.9 - Trena digital.

Usou? Guarda no estojo. Ele vai conservá-la contra pequenos choques e tombos, comuns com equipamentos pequenos. Se guardar por muito tempo, remova a pilha ou bateria, porque senão ela pode "melar" dentro da trena.

3.2.13 Mira

É um acessório para o trabalho topográfico que consiste de uma régua graduada, normalmente com traços espaçados de 1 cm e numeração impressa a cada 10 cm. Ela pode ser observada na Figura 3.10. Projetada para leitura na vertical, pode ser confeccionada de madeira ou alumínio, podendo ter 3 ou 4 m de comprimento, com mecanismo de dobra ou telescópica, para facilitar o transporte.

Ao recolher a mira, principalmente para o transporte, verifique se está travada para que não abra sem querer.

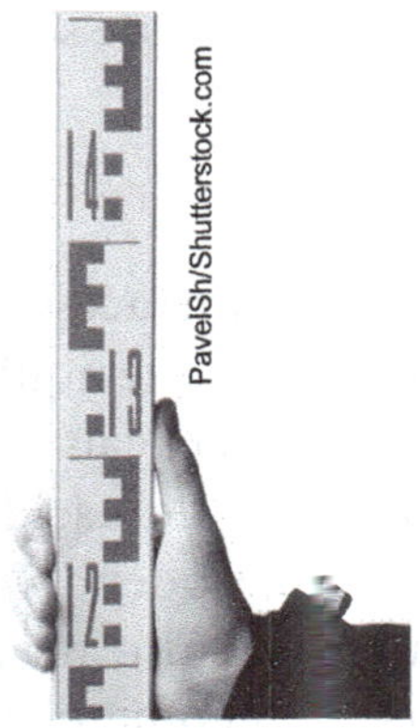

Figura 3.10 - Mira.

3.2.14 Bastão

É um acessório para o trabalho topográfico que serve de suporte para o prisma. Tem marcação para a leitura da altura de instalação. Veja um modelo na Figura 3.11.

Bastão não é flecha nem dardo. Lembre-se do que comentamos com relação à baliza.

3.2.15 Prisma

É um acessório utilizado para refletir os sinais emitidos pelos aparelhos eletrônicos e serve de anteparo para esses sinais retornarem ao aparelho disparando seu sistema de processamento. Esse acessório pôde ser observado na Figura 3.11.

Por ser constituído de espelhos de vidro, é frágil e precisa ser transportado sempre em seu estojo protetor.

Figura 3.11 - Prisma encaixado no bastão.

3.2.16 Bipé

É um acessório para o trabalho topográfico e, como o próprio nome indica, é uma ferramenta com dois pés, reguláveis, que serve para a instalação do prisma. Tem os pés apontados para melhor fixação no terreno.

O bipé sempre deve ser transportado com seus pés fixados entre si, seja nas costas ou no veículo.

3.2.17 Tripé

Conforme se observa na Figura 3.12, o tripé é um acessório para o trabalho topográfico e, como o próprio nome indica, é uma ferramenta com três pés, reguláveis, que serve para a instalação dos aparelhos de medição, que podem ser o nível, o teodolito, a estação total, ou qualquer outro que necessite de instalação fixa para o trabalho. Pode ser confeccionado em madeira ou alumínio.

O tripé sempre deve ser transportado com seus pés fixados entre si, seja nas costas ou no veículo. Cuidado também com suas travas, pois com o uso desgastam e necessitam de regulagem.

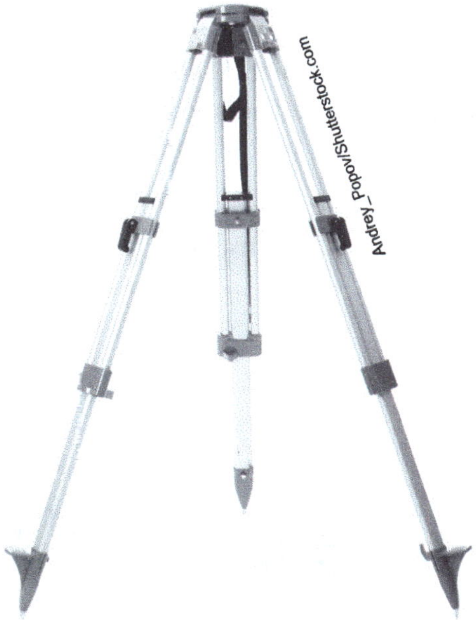

Figura 3.12 - Tripé.

3.2.18 Bússola

É um instrumento de orientação, que trabalha segundo o magnetismo dos polos da Terra. É um dos mais utilizados para orientação, e apesar do surgimento do GPS, ainda está nos painéis de controle dos aviões e navios. Possui uma agulha imantada que aponta para os polos da Terra, que são magnéticos, conforme se observa na Figura 3.13. Seu uso nos possibilita uma direção razoável de posição e navegação.

Usou? Guarde no estojo. Ele vai conservá-la contra pequenos choques e tombos, comuns com equipamentos desse porte, principalmente se têm tampo de vidro.

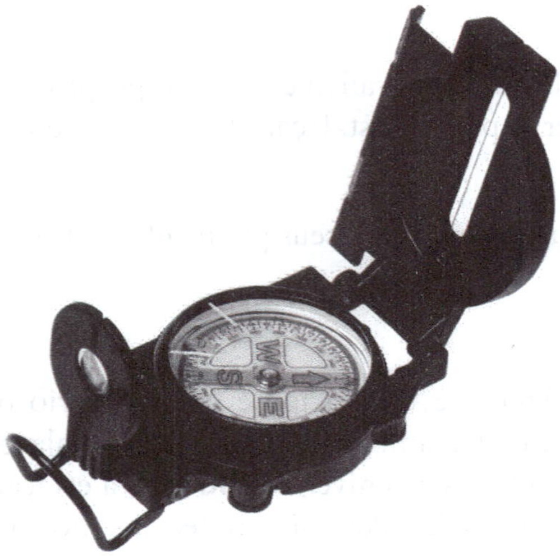

Bekas/Shutterstock.com

Figura 3.13 - Bússola analógica.

3.2.19 Nível

É um aparelho que permite verificar, principalmente, a diferença de altura entre dois pontos. Com ele também realizamos a operação de transporte de cotas, como veremos mais adiante. Eles podem ser óticos, digitais e a *laser*. Veja um modelo na Figura 3.14.

Sempre que usar, retire-o do tripé e coloque-o na caixa. Mesmo quando a distância for pequena, ele deve ser retirado do tripé para ser transportado.

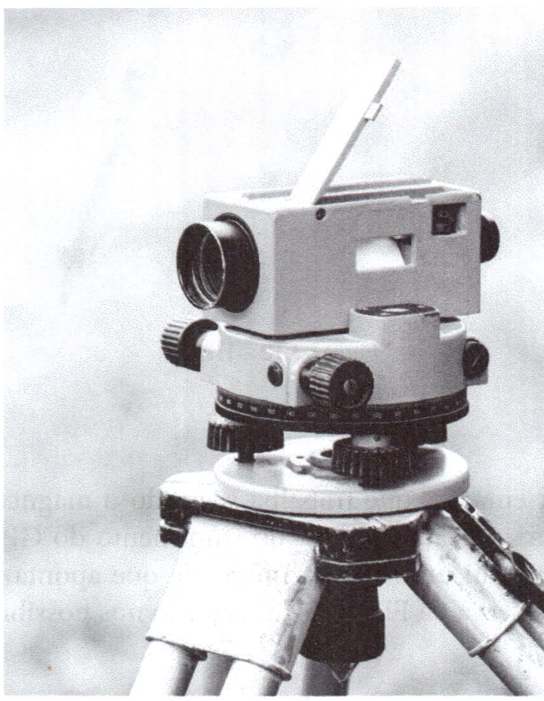

Mr Twister/Shutterstock.com

Figura 3.14 - Nível ótico.

3.2.20 Teodolito

É um aparelho de importante utilidade na Topografia, composto basicamente de uma luneta, com movimentos vertical e horizontal, e dois discos, com marcações correspondentes aos ângulos formados por esses movimentos. Podem ser mecânicos ou digitais. Veja um modelo na Figura 3.15.

Sempre que usar, retire-o do tripé e coloque-o na caixa para ser transportado, mesmo quando a distância for pequena. É uma maneira de prevenir choques ou outros incidentes.

Nunca deixe o teodolito abandonado. Você pode voltar e... "ele mudou de dono". É bastante comum o roubo desse aparelho.

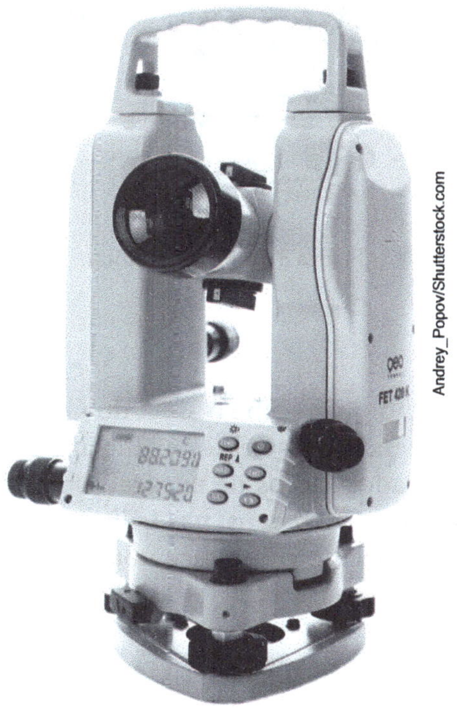

Figura 3.15 - Teodolito digital.

3.2.21 Estação total

É um aparelho que tem as mesmas características básicas do teodolito, composto de luneta com movimentos vertical e horizontal, dois discos graduados, mas é totalmente digital, inclusive fazendo cálculos e armazenando dados que, após a operação, serão descarregados em um programa específico, que vai planilhar, calcular e desenhar a operação efetuada, diminuindo consideravelmente o trabalho e o tempo gastos no campo e no escritório. Veja um modelo na Figura 3.16.

Tudo o que foi dito para o teodolito vale também para a estação total, só que ela custa bem mais caro...

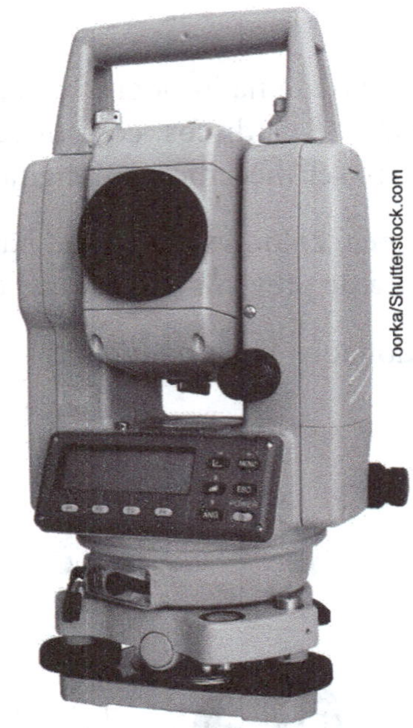

Figura 3.16 - Estação total.

3.2.22 GPS

É o nome que se dá ao aparelho que recebe o sinal do Global Positioning System, dos Estados Unidos, e que trabalha recebendo sinais de satélites artificiais, possibilitando a posição do mesmo em tempo real. Os tipos mais utilizados são os de navegação e o de precisão. Os de navegação são os mais comuns, utilizados nos carros, nos barcos, nas trilhas e até mesmo nos celulares. O segundo modelo é o de precisão, também conhecido como receptor GPS, usado nos trabalhos de Topografia. Ele pode ser observado na Figura 3.17.

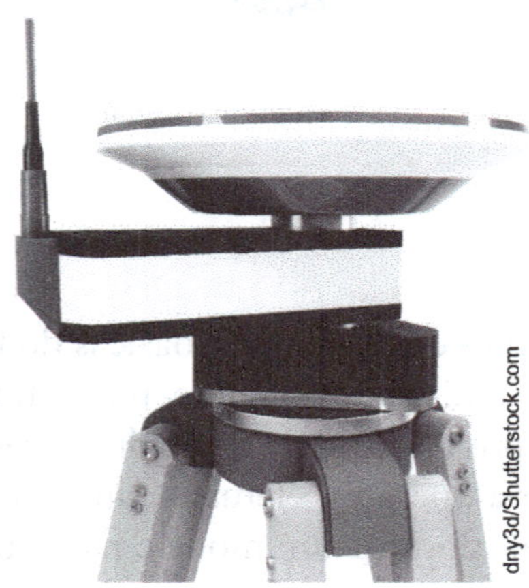

Figura 3.17 - Receptor GPS.

Os aparelhos mais modernos têm sido chamados de GNSS, e fazem a leitura nos sistemas GPS e GLONASS. O GLONASS é o sistema russo de satélites artificiais.

Mais cuidado ainda você terá para operar esse equipamento, que por ser mais caro é também muito visado para furto. Às vezes, precisa ficar estacionado 24 horas para fazer uma leitura precisa e, assim, precisará ser vigiado.

Amplie seus conhecimentos

» Até pouco tempo, os piquetes necessários eram retirados dos galhos das árvores existentes perto do trabalho desenvolvido. Hoje, esse procedimento já não é mais usual, sendo inclusive proibido por muitas companhias contratantes dos serviços. A intervenção da consciência ecológica que adquirimos fez com que passássemos a utilizar a madeira de reflorestamento, normalmente eucalipto, pinus, cedrinho, plantados com o objetivo de consumo.

» Piquete também é nome de uma técnica de pastagem por meio da qual divide-se um pasto em várias partes cercadas. Essa técnica é empregada para não se esgotar todo um pasto. Os animais vão passando de um piquete a outro para descansar aquele no qual se alimentaram.

» Os facões, e mesmo as motosserras, somente serão utilizados quando houver autorização do órgão ambiental responsável pela área. Normalmente a responsabilidade pela obtenção dessa autorização é do contratante da obra.

» As mangueiras usadas para nivelamento deverão ser transparentes e não dispensam um pacotinho de suco em pó para que se possa visualizar melhor a água dentro delas. Nesse caso, leve mais de um pacote. Sempre tem alguém querendo fazer refresco, e no campo o sol esquenta...

» Os croquis são desenhos detalhados, elaborados à mão por quem faz o levantamento, sem muito requinte como um rascunho, mas contém dados necessários para complementar a caderneta de campo. Os croquis também poderão partir do escritório, para dar algumas informações para quem vai para o campo.

» As trenas mais usadas são de tecido e fibra de vidro, mas não são adequadas para trabalhos de muita precisão, uma vez que laceiam. Nesse caso são utilizadas as de aço, mas também deve-se ter cuidado de não deixá-las ao sol, pois dilatam e aumentam as medidas.

3.3 Comentários finais

Com o avanço da tecnologia e com o crescente emprego do uso dos satélites artificiais (GPS), dia a dia encontramos novos equipamentos e novas formas de utilizá-los, o que faz também com que fiquem mais acessíveis por terem seus custos de fabricação reduzidos e, consequentemente, seu valor para aquisição. Esses fatos trazem uma mudança grande e rápida em tudo o que envolve o processo do trabalho da Topografia.

É necessário que você se mantenha bem informado sobre esses progressos, pesquisando novos equipamentos, processos, softwares, buscando frequentar os cursos de atualização para não ficar desatualizado, tanto em relação aos conhecimentos quanto às exigências do mercado de trabalho.

Vamos recapitular?

Neste capítulo vimos sobre os aparelhos, instrumentos, ferramentas e acessórios usados em Topografia, bem como suas principais utilidades.

Agora é com você!

1) Quais os equipamentos topográficos que você já conhecia antes deste estudo?

2) Como é graduada a mira topográfica?

3) Dê o nome dos equipamentos estudados neste capítulo.

Robnroll/Shutterstock.com

(a)

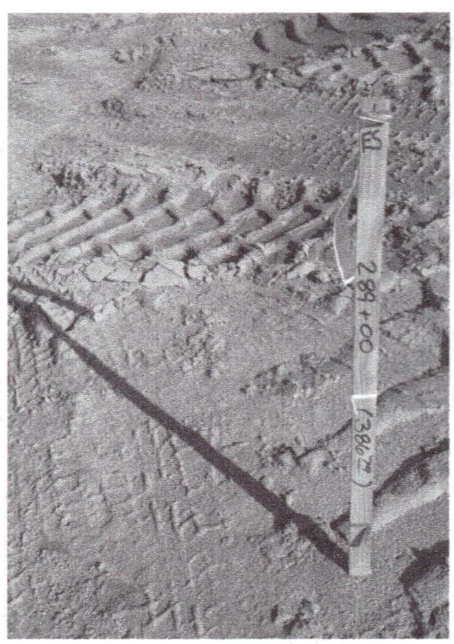

Richard Thornton/Shutterstock.com

(b)

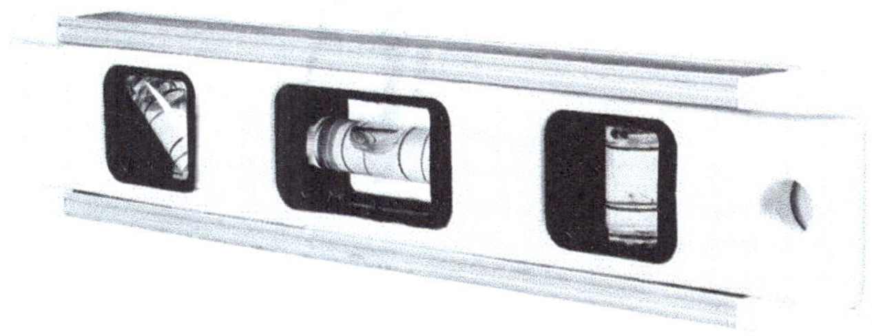

Timothy Hodgkinson/
Shutterstock.com

(c)

Levent Konuk/Shutterstock.com

(d)

Sinisa Botas/Shutterstock.com

(e)

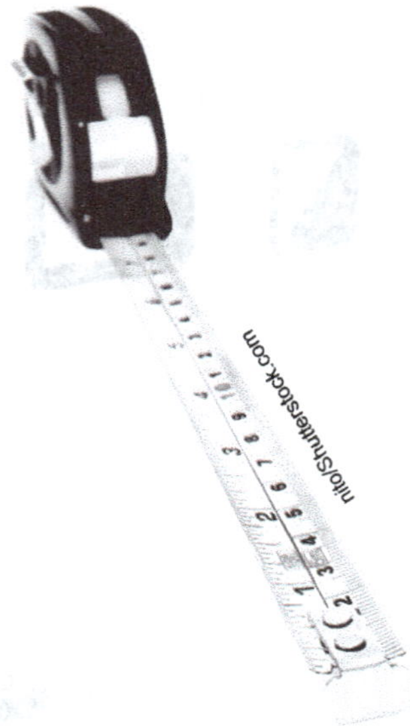
nito/Shutterstock.com

(f)

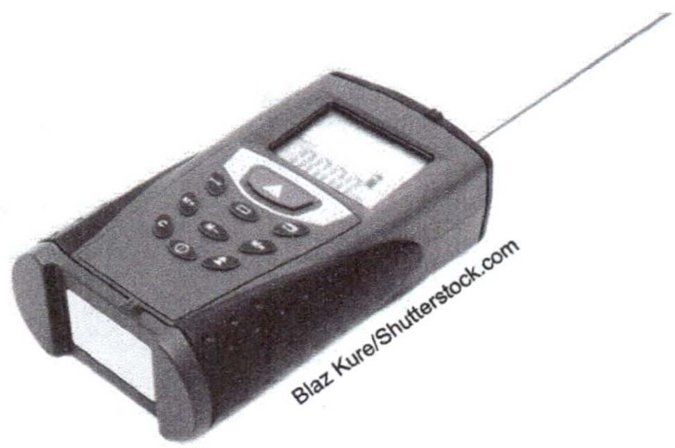
Blaz Kure/Shutterstock.com

(g)

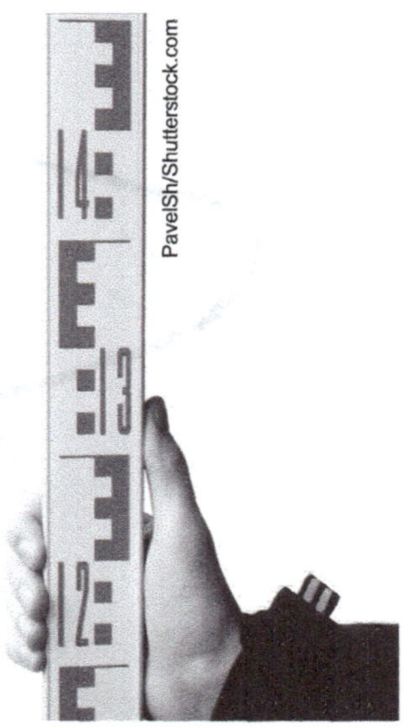
PavelSh/Shutterstock.com

(h)

(i)

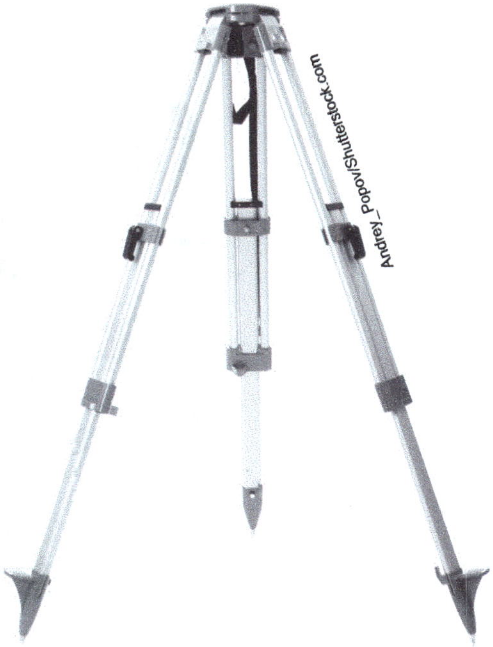

(j)

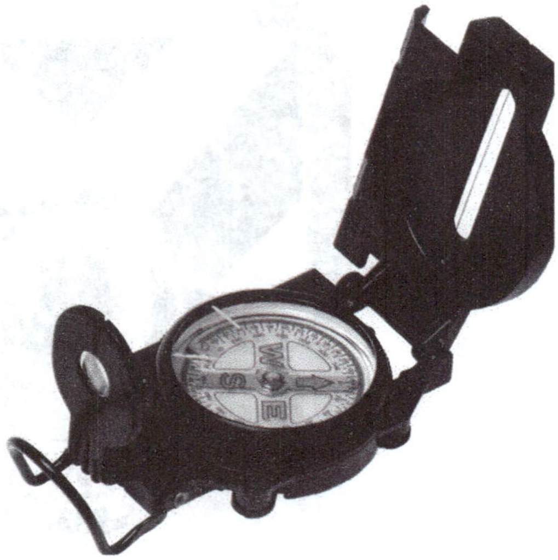

Bekas/Shutterstock.com

(k)

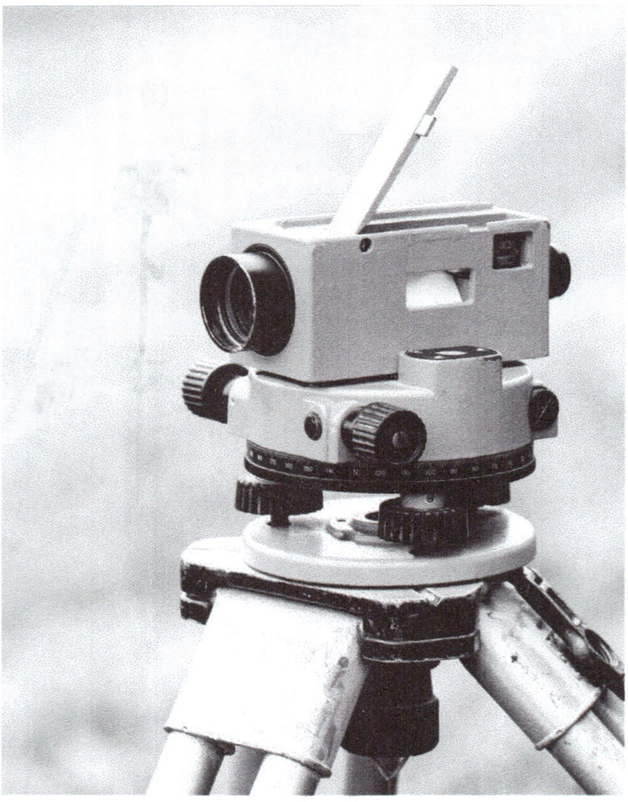

Mr Twister/Shutterstock.com

(l)

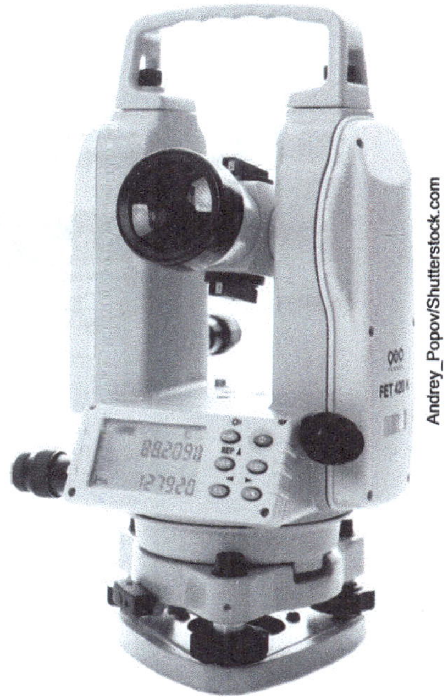

(m)

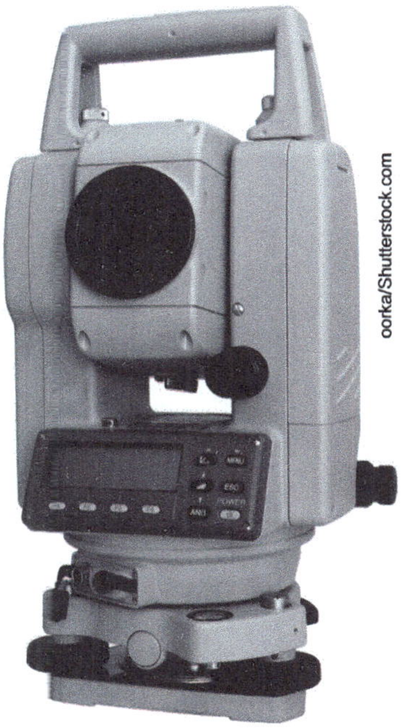

(n)

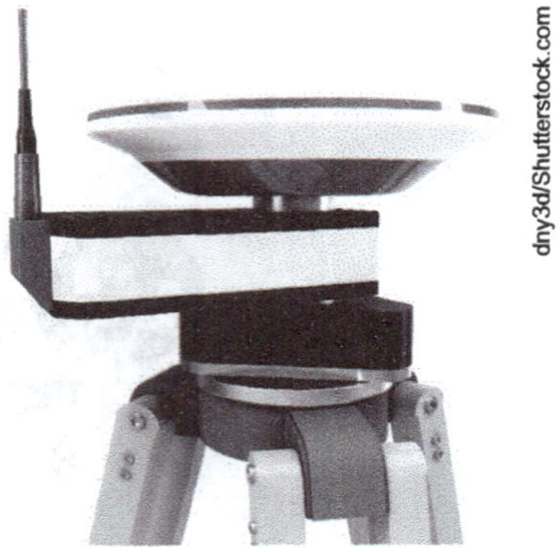

(o)

4

Procedimentos para Operação de Equipamentos

Para começar

Neste capítulo você aprenderá como operar os equipamentos utilizados nos trabalhos de Topografia.

4.1 Introdução

No capítulo anterior, você aprendeu quais são os equipamentos utilizados, o nome deles e algumas dicas do uso. Para completar esses conhecimentos, você precisa aprender a operar os equipamentos, sejam eles acessórios, instrumentos ou aparelhos. Assim, você vai conhecer primeiro os equipamentos de uso no campo, a seguir os de uso no escritório.

4.2 Equipamentos de campo

São os principais utensílios de uso do topógrafo no seu trabalho externo. A Figura 4.1 mostra alguns deles em execução.

4.2.1 A operação dos acessórios

Como acessórios, vamos considerar basicamente: piquete, estaca, marco, trena, baliza, nível de cantoneira, prumo, mira, bastão, prisma, tripé e bipé.

Figura 4.1 - Equipe de Topografia em operação no campo.

O piquete deve ser cravado firmemente no solo e ter em sua ponta plana uma tachinha ou prego, que vai ser a "materialização" da estação. Sobre esse ponto, definido no piquete, será instalado, ou estacionado, o aparelho que aí for operar, como o teodolito ou a estação total. Deverá ser substituído em locais onde não puder ser cravado por alguma marcação fixa. Por exemplo, no asfalto usamos um prego; numa pedra, usamos uma gravação.

A estaca deve ser cravada próxima ao piquete e deve ser de fácil identificação, pois serve para localizá-lo. Por isso, também recebe o nome de testemunha. Deverá ter uma inscrição bastante legível que identifique o "nome" do ponto onde está o piquete.

O marco deve ser implantado em terreno firme para que não haja movimento do ponto que ele define. A plaqueta afixada nele deve ser de metal não oxidável e ter inscrição legível. Quando implantado em locais onde não se pode instalá-lo com a peça de concreto, a plaqueta deve ser fixada firmemente, seja na cabeceira de uma ponte ou de uma laje de pedra.

A trena deve trabalhar sempre junto a balizas e é necessária atenção para seu uso, principalmente em dois procedimentos, a saber:

- não se pode deixá-la frouxa porque acontece a catenária, que é uma "barriga" que se forma quando a operamos indevidamente, à esquerda, conforme Figura 4.2;
- deverá estar sempre tensionada, bem esticada, nivelada e na posição horizontal, nunca inclinada, à direita, conforme Figura 4.2.

A baliza deve estar sempre posicionada verticalmente sobre a estação materializada, nunca inclinada ou "fora do ponto", conforme mostra a Figura 4.3. Para isso, deve estar acoplada ao nível de cantoneira, que não deve ser transportado junto, pois pode se quebrar facilmente.

O prumo, utilizado para instalação dos aparelhos, como o teodolito e a estação total, serve para dar a direção vertical exata sobre o ponto em que está materializada a estação. É colocado no ponto central da base do tripé, onde existe um dispositivo para pendurá-lo. Alguns aparelhos dispensam seu uso, pois têm um prumo "a *laser*", que indica com um sinal luminoso o local exato da instalação.

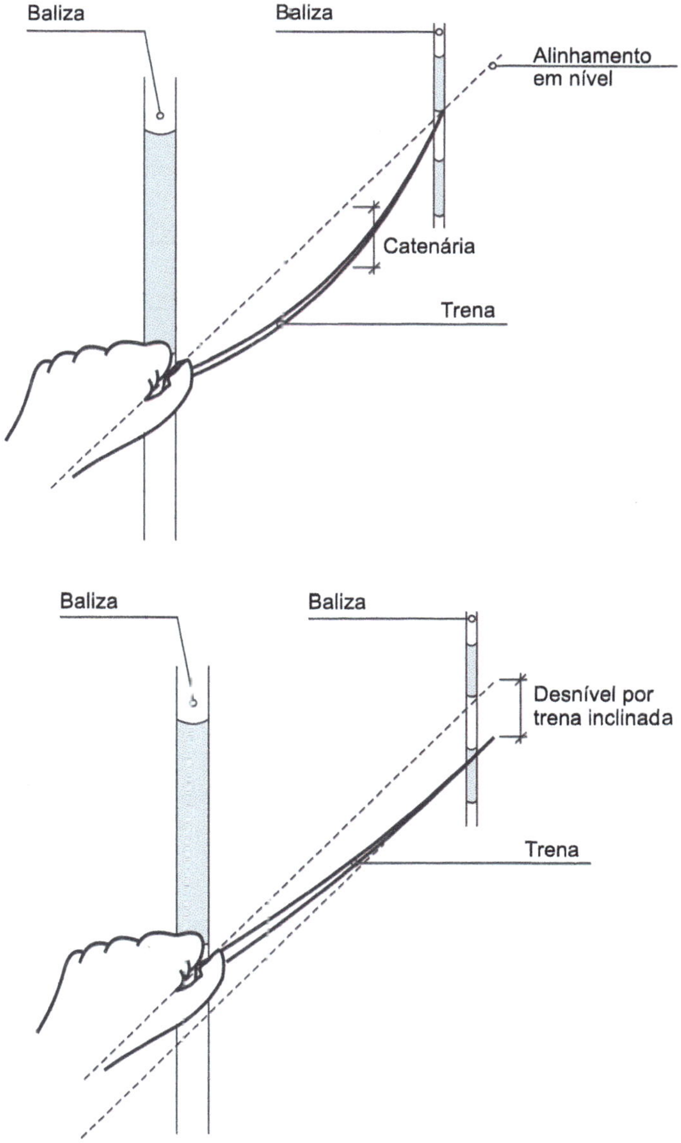

Figura 4.2 - Uso correto da trena.

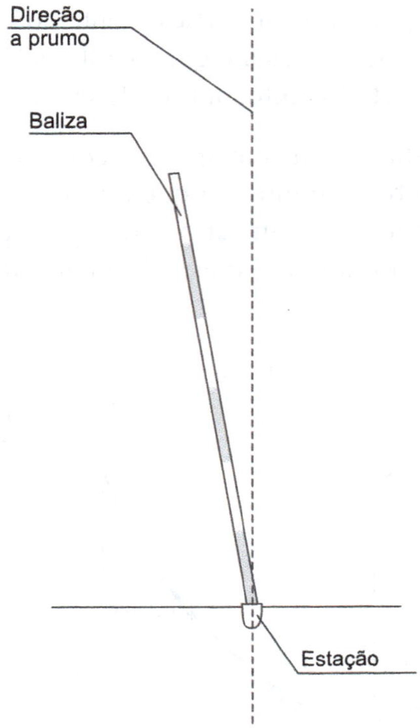

(a) Posição incorreta

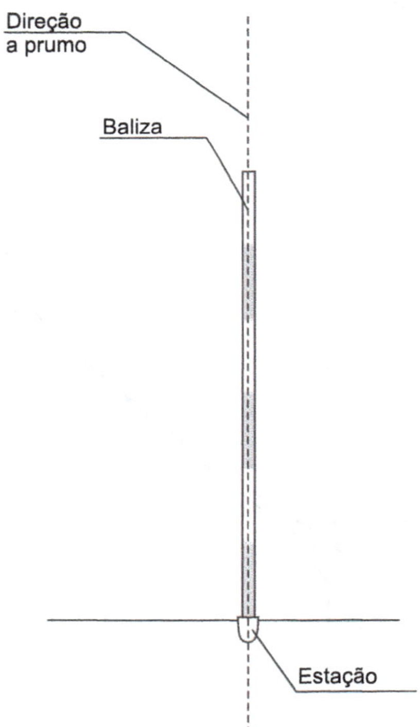

(b) Posição correta

Figura 4.3 - Uso correto da baliza.

A mira, onde são feitas as leituras das visadas dos teodolitos e níveis óticos, tal como a baliza, deve trabalhar na vertical. Normalmente tem em seu corpo um nível de bolha que indicará sua posição. Deve ser instalada com o cuidado de se posicionar o centro do seu "pé" exatamente sobre a estação, e no momento da leitura deverá ser segurada firmemente, pois o vento pode fazer com que ela se movimente, conforme Figura 4.4.

O bastão deve também estar exatamente sobre a estação, na posição vertical, com o cuidado para estar com o prisma bem acoplado. Não se deve deixar "deslizar" sua parte telescópica, pois ela tem marcação de altura e precisa estar bem fixada para que a leitura no prisma não seja alterada.

O prisma, constituído de um refletor que faz retornar os sinais que os aparelhos eletrônicos disparam contra ele, precisa que sua posição em relação ao aparelho seja "de frente" e necessita também estar visível. No momento da operação precisa estar perfeitamente parado, de forma que os raios o atinjam e retornem ao aparelho.

O bipé se transforma em um tripé quando apoia o bastão. O cuidado para operá-lo é fixar bem o bastão, mantendo-o na vertical.

O tripé é o acessório no qual fixamos principalmente, o nível, o teodolito, a estação total e o GPS. Deve estar firmemente fixado no terreno para que pequenos movimentos não desestabilizem o aparelho, ocasionando erro nas leituras. Se o piso for rígido, precisamos "emborrachar" a ponta dos pés do tripé, de forma que não escorregue.

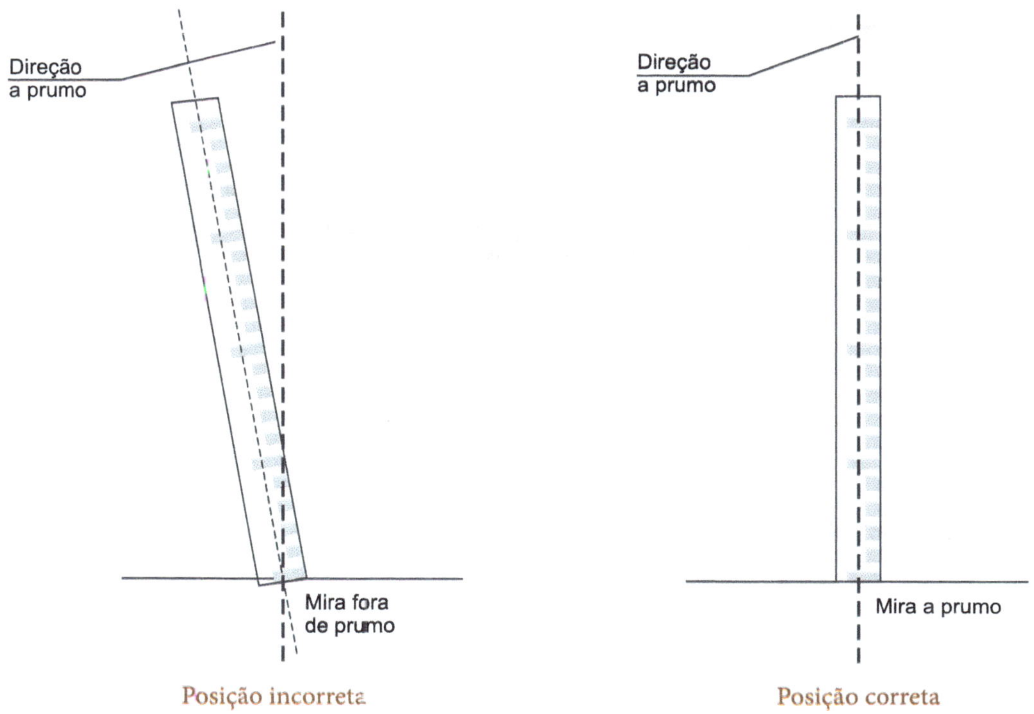

Figura 4.4 - Uso correto da mira.

4.2.2 A operação dos instrumentos

O instrumento que você vai aprender a operar agora é a bússola. Apesar do uso bastante difundido do GPS nos dias atuais, ela ainda tem sua utilidade e emprego.

O modelo de bússola a que vamos nos referir é o mecânico ou analógico. A bússola eletrônica, que vem nos *displays* (monitores) dos GPS e nos painéis de controle de aviões e navios, não atende a essa forma de operação.

As bússolas nos fornecem apenas leituras de ângulos para determinação de direções, não nos permitindo nenhuma leitura, direta ou indireta, de medida de distância.

A bússola trabalha nivelada. Fora de nível, sua agulha indicadora trava. Para o seu uso na leitura de ângulos em um levantamento ou locação, que são as duas operações nas quais seu uso é maior, é necessário um pouco de prática. No começo é bom que se faça uma comparação de leituras com um aparelho de melhor precisão, para se acostumar com o seu manejo. As bússolas utilizadas para os fins citados precisam ter "alça de mira", por meio da qual fazemos a "visada" que determinará a direção pretendida. Como não utiliza suporte para funcionar, ela não tem "tripé", e a leitura é feita na mão do operador. Por isso a necessidade da prática.

É utilizada nos teodolitos, que não possuem orientação de direção para definição dos azimutes ou rumos. É mais empregada nos levantamentos e locações que não exigem precisão, os serviços chamados expeditos. Uma avaliação, como uma demarcação de limites de pastos, é um exemplo desse trabalho.

Amplie seus conhecimentos

Por interferirem no campo magnético, alguns objetos têm as recomendações de distância mínimas para o uso da bússola. A Tabela 4.1 determina quais são:

Tabela 4.1 - Distâncias mínimas para o uso da bússula

Objetos	Distância
Linhas de transmissão	60 m
Fios telefônicos	10 m
Cerca de arame	10 m
Carro	10 m
Machado	1,5 m

Para saber mais, acesse o site: <http://www.cartografia.eng.br/artigos/bussola4.php>. Acesso em 3 fev. 2014.

4.2.3 A operação dos aparelhos

Como aparelhos, vamos considerar o nível, o teodolito, a estação total e o GPS.

4.2.3.1 A instalação do nível, do teodolito e da estação total

- **Primeiro passo:** para a correta operação dos aparelhos, eles precisam ser acoplados ao tripé.
- **Segundo passo:** conforme se observa na Figura 4.5, para se nivelar o aparelho utilizamos os parafusos chamados calantes, que têm seus movimentos mostrados na figura abaixo e fazem com que a bolha de nivelamento fique centralizada. No primeiro movimento trabalhamos os calantes 2 e 3. No segundo, após o giro de 90º no corpo de aparelho, trabalhamos o calante 1.

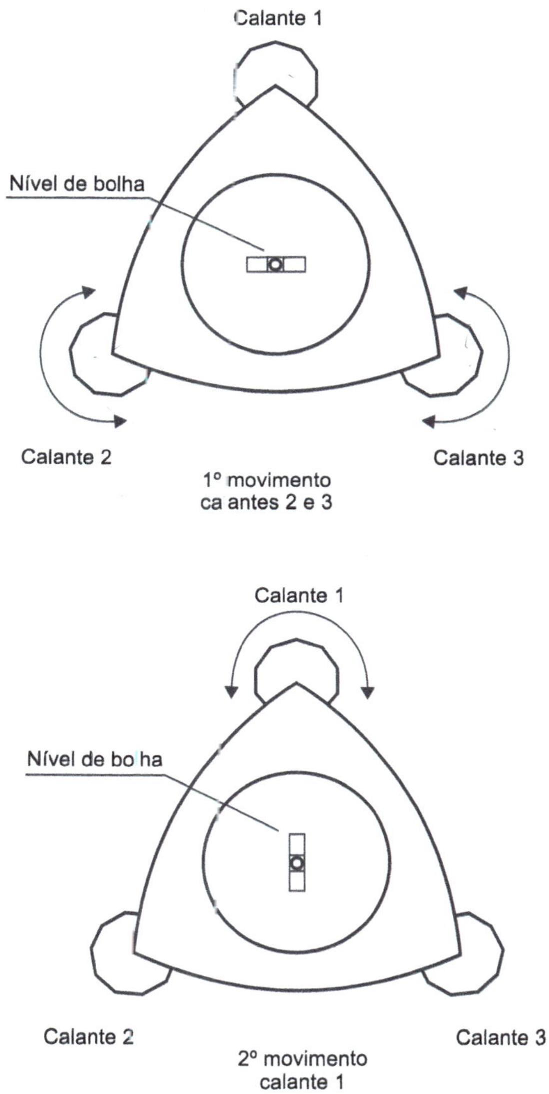

Figura 4.5 - Nivelamento do aparelho utilizando os calantes.

- **Terceiro passo:** para o teodolito e a estação total, verificar o prumo. A maioria dos aparelhos tem um visor em seu corpo, que permite enxergar o ponto estacionado por meio de uma pequena luneta. Outros aparelhos têm prumo a *laser*, e poucos têm prumo físico, que é o mesmo que os pedreiros utilizam. Deverão estar posicionados conforme o proposto pela Figura 4.6.

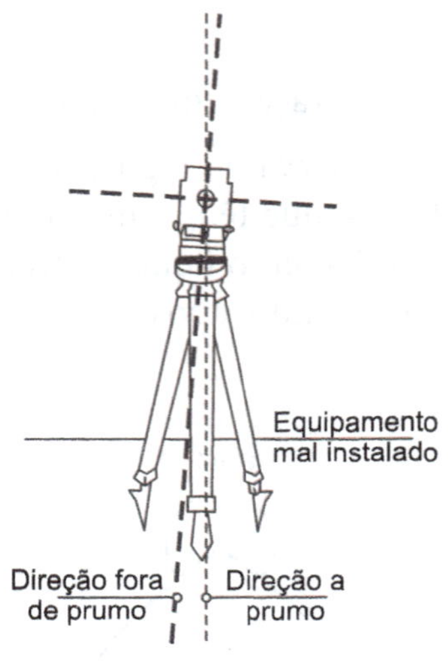

Figura 4.6 - Verificação do prumo.

» Quarto passo: às vezes, ao verificar o prumo, o aparelho desnivela, necessitando assim proceder ao 2º e 3º passos novamente.

4.2.3.2 A leitura da mira ou do prisma

A leitura da mira será feita segundo o que já foi exposto no item 4.2.1, nos casos do nível e do teodolito, sendo que para a estação total será utilizado o prisma.

Você deverá ajustar o foco do retículo até que os fios fiquem nítidos, como se observa na Figura 4.7 (a), para depois ajustar o foco da luneta de forma a dar clareza à visada na mira, conforme se observa na Figura 4.7 (b), ou do prisma.

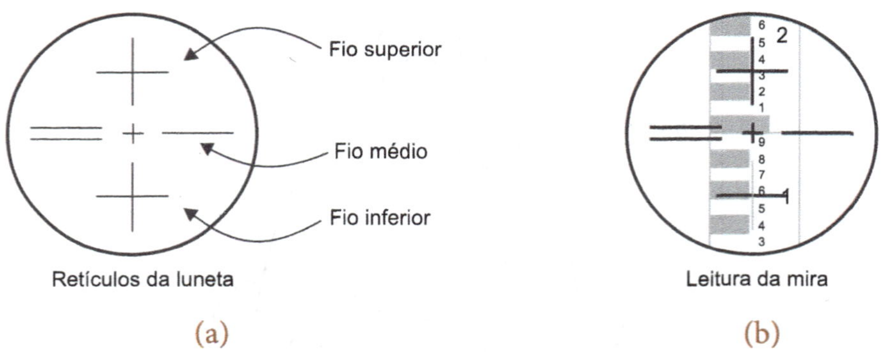

Figura 4.7 - Esquemáticos dos retículos e do foco.

4.2.3.3 A leitura dos ângulos

No nível somente procederemos a leitura do ângulo horizontal, já que ele não tem movimento vertical para a luneta.

No teodolito, bem como na estação total, a leitura dos ângulos será feita para os dois movimentos da luneta: leitura do ângulo horizontal e do ângulo vertical.

Fique de olho!

» Ao operar com aparelhos sob sol intenso deve-se usar uma proteção. No caso do receptor GPS, você deve tomar cuidado para que o pano do guarda-sol não seja refletivo tipo aluminizado, pois irá interferir na recepção dos sinais.

» Todos os aparelhos possuem parafusos que proporcionam o "ajuste fino" dos movimentos da luneta para melhor "encaixar" o retículo na mira ou prisma. Esses parafusos requerem um uso bastante cuidadoso, pois podem "espanar".

4.3 Equipamentos de escritório

É importante que você aprenda a manusear os equipamentos, pois têm grande utilidade para a representação dos levantamentos nos desenhos.

Os equipamentos mais usuais no escritório são: escalímetro, transferidor, compasso, planímetro e calculadora científica.

- » Escalímetro: possui seis escalas para atendê-lo e não deve ser usado como régua, para riscar.
- » Transferidor: serve para fazer a marcação dos ângulos, principalmente os horizontais, representando no papel os movimentos do teodolito ou até mesmo do nível em uma planta. Sua precisão é de 1°.
- » Compasso: serve para marcar principalmente os ângulos tomados no campo com o auxílio de medidas lineares, como o caso da locação do ângulo reto de lados 3, 4 e 5.
- » Planímetro: serve para fazer medições de área com mais precisão, pois ele caminha por todo o perímetro do levantamento no desenho.

Vamos recapitular?

Neste capítulo, você viu como operar os equipamentos mais usuais da Topografia.

Agora é com você!

1) Comente sobre a atuação da "porta-mira" na ilustração a seguir.

ightpoet/Shutterstock.com

2) Descreva sucintamente como se opera o teodolito.

5

Etapas do Trabalho de Topografia

Para começar

Como todo serviço que vamos executar, ele é composto de várias fases, como: se você vai pintar uma casa, primeiro deve examinar a condição dela, conversar com os interessados, e é somente após esse contato que você toma as decisões para a execução da pintura. Você precisa de definição das dimensões, das cores, das texturas que serão utilizadas nas paredes, nos tetos, nas portas, nas janelas etc. Aí vai poder definir os materiais (tintas, vernizes, massas) e ferramentas (pincéis, rolos, espátulas), certo? Só depois vai comprar o necessário, para finalmente executar o serviço. O mesmo acontece com os serviços executados pela Topografia. Eles são divididos em diversas etapas.

5.1 Introdução

O trabalho da Topografia, na maior parte das vezes, não é o objetivo final a ser alcançado dentro de um planejamento. Ele serve de apoio ao desenvolvimento de objetivos maiores.

Por ser um trabalho de apoio, está presente em várias áreas de interesse além das que envolvem a engenharia civil e também a engenharia militar.

5.1.1 Na engenharia e na arquitetura

» Nas áreas para uso de moradias e serviços: casas, prédios residenciais, comerciais e industriais, shoppings, ou mesmo para o registro de propriedades urbanas (loteamentos) e rurais (chácaras, sítios, fazendas).

» Nas áreas para uso de locomoção, transporte e seus aparelhos: implantação de rodovias, ferrovias, aeroportos, portos, túneis, pontes, trevos, ruas, avenidas e viadutos, como mostra a Figura 5.1.

Figura 5.1 - Viadutos urbanos.

» Nas áreas de abastecimentos diversos: açudes, represas, estações de tratamento de água e esgoto, canalizações, retificações de cursos d'água, silos de armazenamento de alimentos.

» Nas áreas de geração e distribuição de energia: estações de transformação, linhas de transmissão rurais e urbanas, usinas termoelétricas e hidrelétricas, como mostra a Figura 5.2.

Nas áreas de petróleo e gás: extração, estações de bombeamento, refinarias, armazenamento e distribuição dos combustíveis (dutovias).

Nas áreas de planejamento paisagístico: praças, parques, áreas de laser.

5.1.2 No meio ambiente

» Nas áreas de reservas naturais: controle de invasões, controle de desmatamentos, demarcação de áreas liberadas para os diversos usos.

» Nas áreas públicas de concessão de uso: para construção de rodovias, ferrovias, dutovias;

» Nos desvios de cursos d'água: transposição de rios.

aleksandr hunta/Shutterstock.com

Figura 5.2 - Usina hidrelétrica.

Janne Hamalainen/Shutterstock.com

Figura 5.3 - Transposição de rios.

5.1.3 Na agricultura

- Nas áreas de plantio.
- Nas áreas de irrigação.
- Na marcação de curvas de nível, para o correto escoamento das águas.

5.1.4 Na zootecnia

- Nas áreas de pastagem: rotacionamento de pastos.
- Demarcação de áreas de preservação: garantia de hábitat para espécies em extinção.

5.1.5 Na arqueologia

- Para levantar as descobertas dos arqueólogos.
- Para registrar os enigmas das antigas civilizações.

donsimon/Shutterstock.com

Figura 5.4 - Stonehenge, Inglaterra: sinais de uma civilização perdida.

5.2 As etapas do trabalho da topografia

O trabalho da Topografia, como todo serviço que tem uma sequência de operações, acontece em várias etapas, conforme veremos no decorrer deste item.

5.2.1 Conceitos

As etapas de um trabalho topográfico são distintas, seguem uma ordem e têm uma ligação de dependência na ordem em que se apresenta, ou seja, a quarta etapa depende da terceira, a terceira da segunda e a segunda da primeira. Cada uma tem uma sequência de operações que vai ser característica daquela etapa.

A ordem de disposição e os nomes das etapas são:

- levantamento;
- projeto ou estudo;
- locação;
- acompanhamento.

5.2.2 Levantamento

O levantamento é a primeira etapa. É nela que se coletam os dados do objeto do trabalho, como faz o profissional ilustrado na Figura 5.5.

goghy73/Shutterstock.com

Figura. 5.5 - Profissional executando levantamento no campo.

5.2.2.1 Como se desenvolve o levantamento

Para realizar o levantamento, o profissional deverá manter contato com o interessado pelo trabalho, que pode ser o engenheiro responsável por uma obra, um advogado, o proprietário de um terreno, uma empresa construtora, uma empresa imobiliária, um órgão público etc. Nesse contato, ele vai obter as primeiras impressões do que irá executar. Vai saber o que pretende o contratante, em que tempo ele precisa dos serviços e mais alguns detalhes, para que possa se organizar e atender à solicitação.

Além disso, ele deverá fazer uma visita ao local do levantamento, para que possa traçar as estratégias principais, a da técnica e a da logística, de forma a executar os serviços.

» Estratégia da técnica de execução:

  se o levantamento requere planimetria, se requere altimetria, ou ambas, a planialtimetria;

  onde se situaram os pontos topográficos e as estações de apoio;

  quais acidentes, naturais e artificiais, precisaram ser "amarrados".

» Estratégia da logística para a execução.

  Equipamento: aparelhos, instrumentos e acessórios.

  Pessoal: dimensionamento da equipe, quantos e quais profissionais vai precisar.

  Transporte: que tipo de veículo e quantidade, pois depende também do tipo de estrada que o levará ao destino. Muitas vezes é exigido um veículo 4 × 4.

  Alimentação: como ele e o pessoal irão fazer as refeições. Muitas contratantes exigem que o pessoal se alimente nos locais do serviço, faça uma refeição adequada, ou seja, fresca e sob abrigo. Portanto, esse local, que chamamos de "área de vivência", precisa ser previsto. Provavelmente será necessário contratar um terceiro que se responsabilizará pelas refeições, evitando assim que se desloque pessoal e veículo do serviço para atender a esse fim.

  Higiene: onde ele e o pessoal irão usar instalações sanitárias. Na maioria dos locais dos serviços elas não existem e se faz necessária a contratação de um terceiro, que irá fornecer, e manter, um banheiro químico. Atenção: é proibido usar o mato como vaso sanitário.

  Hospedagem: o local onde ele e o pessoal irão dormir e, eventualmente, ficar em um dia em que não poderão realizar trabalho, seja por chuva ou alguma indefinição do serviço. Esse local deverá ter condições para dormir, tomar banho, fazer refeições e também espaço para algum lazer. Deverá ser um local sem muita agitação, pois o trabalho de campo requer descanso.

Concluídos os passos anteriores, o primeiro contato com o contratante e a visita ao local do levantamento, o profissional terá condições de fazer um orçamento dos trabalhos.

5.2.2.2 Custos de um levantamento

Com todos os itens definidos sobre os serviços que irá realizar, o profissional deverá proceder ao orçamento que será apresentado e negociado com o contratante. Nesse orçamento deverá prever também a parcela do valor de seu trabalho. Afinal de contas, seus estudos, os conhecimentos adquiridos com a experiência e os instrumentos de trabalho pessoais também contam nesse item.

Acertado o orçamento, deverá ser feito um contrato de execução desses serviços. Esse contrato precisa ser elaborado em moldes legais, pois é um instrumento de cobrança de ambas as partes: do contratante, que tem de cumprir com os pagamento e prazos; e do contratado, que precisa também cumprir os prazos para a entrega dos serviços.

Amplie seus conhecimentos

- Amarrar um elemento em um levantamento é determinar seu local em planta considerando sua distância e ângulo a partir de um ponto predefinido.
- Os "acidentes" que possuem um terreno deverão ser amarrados em um levantamento e serão considerados naturais ou artificiais, de acordo com sua origem. Os naturais são: cursos d'água, elevações, depressões, praias, pedras, árvores isoladas, matas, lagos e todos os outros que "nasceram" ali. Os artificiais são os que foram implantados pelo homem: edificações, estradas, túneis, pontes, torres, postes etc.
- Para fazer um orçamento, o profissional poderá consultar os sites especializados, como <topografia.com.br>, pois eles possuem tabelas com os valores de serviços topográficos. Acesso em 3 fev. 2014.

5.2.3 Projeto

O projeto ou estudo é a segunda etapa. É quando são trabalhados os dados coletados no levantamento. É nessa etapa que se calcula, projeta, estuda e se desenha o que foi levantado.

5.2.3.1 Como se desenvolve o projeto

O projeto será desenvolvido em todos os temas já citados no item de levantamento, seja em moradias, transporte, abastecimento, energia etc.

Deverá prever, em cada uma de suas fases, a execução técnica da obra. Se tomarmos como exemplo a construção de uma estrada, as fases poderão ser:

- na terraplenagem, vai projetar os cortes, os aterros, os bota-foras nas áreas levantadas para o movimento de terra;
- na drenagem, vai projetar os bueiros, de grota e de greide, as canaletas, de corte/aterro e as da pista, além das saídas d'água;
- no pavimento, vai projetar suas diversas camadas: subleito, sub-base, base e revestimento;
- nas obras de arte, vai projetar as pontes, para transpor os cursos d'água, os viadutos, outras estradas, depressões e os túneis.

Desta maneira, poderemos compor as diversas fases de outros tipos de obras, como construções para moradias, comércio, indústrias, energia etc.

Além do projeto em si, nessa etapa também se obtém os quantitativos para a execução do que se pretende. Esses quantitativos servirão para:

» o planejamento dos tipos e quantidade de equipamentos a serem utilizados nas diversas fases de execução dessa obra, como escavadeiras, tratores, caminhões, no caso de movimento de terra;

» a qualificação e a quantidade do pessoal a ser empregado na execução;

» quanto tempo será dispendido em cada fase, principal dado para o cronograma;

» e finalmente calcular, no orçamento, o valor da obra.

Amplie seus conhecimentos

» Durante a etapa do projeto, a Topografia poderá fazer algumas alterações no que já foi levantado, pois de acordo com o desenvolvimento deste projeto, a concepção inicial poderá sofrer alterações, e o profissional deverá voltar ao campo para coletar mais dados para essas alterações.

» Cronograma é um diagrama no qual enumeramos todas as fases de execução, bem como o tempo gasto em cada uma. O sucesso do bom andamento da obra depende do acompanhamento do cronograma. Ele vai apontar o início e o fim de cada fase nele lançada. Também possibilita a visualização de fases que acontecem simultaneamente, como a execução da "locação do gabarito" ao mesmo tempo em que acontece a "ligação da água e luz" em uma obra residencial, como no exemplo abaixo:

Cronograma da obra da residência da Engª Daiana

Anos	2013											2014		
Fases/meses	jan.	fev.	mar.	abr.	maio	jun.	jul.	ago.	set.	out.	nov.	dez.	jan.	fev.	mar.
levantamento			■	■											
projeto			■	■											
barracão de obra				■											
locação gabarito						■	■								
ligação água/luz							■	■							
escavação fundações					■	■	■	■							
concretagem fundações					■	■	■	■	■						
paredes - tijolos							■	■	■	■					
instalação elétrica								■	■	■	■	■	■		
instalação hidráulica							■	■	■	■					
paredes - emboço								■	■	■	■	■			
instalação esgoto					■	■	■								
instalação pluvial					■	■									
cx passagem								■	■	■					
muro - tijolos			■	■	■	■									

» Às vezes, para se hospedar e se alimentar, é necessário montar um acampamento, pois o local dos serviços é muito distante de lugares com esses recursos. Nesses casos, a logística deverá prever os materiais necessários, como: barracas, utensílios de cozinha, abastecimento regular de alimentos, banheiros químicos, ou seja, toda a "tralha" que levamos para acampar. Não esquecendo também do material técnico, como todas as planilhas impressas, calculadoras, pranchetas. Um pequeno gerador, caso seja necessário, para uso em iluminação, funcionamento dos computadores, carregamento das baterias dos equipamentos e até um rádio ou televisão, caso haja sinal no local.

5.2.4 Locação

A locação, ilustrada na Figura 5.6, é a etapa na qual os dados trabalhados no projeto retornar ao local do levantamento.

5.2.4.1 Como se desenvolve a locação

Nessa etapa é que vamos "colocar em prática" o que foi projetado, como, se for um loteamento, o topógrafo vai locar: os movimentos de terra, os lotes, as guias das ruas, o traçado dessas ruas, os reservatórios de água, as redes de água e de esgoto, o alinhamento dos postes de iluminação e transmissão de energia, ou seja, toda a infraestrutura necessária para esse empreendimento.

Dmitry Kalinovsky/Shutterstock.com

Figura 5.6 - Topógrafo executando locação e acompanhamento.

Para os trabalhos de locação, o profissional deverá permanecer todo o tempo presente na "frente de obras", pois o desenvolvimento delas dependerá de suas marcações.

Um dos casos mais característicos de locação é o do gabarito, mostrado na Figura 5.7, que tem papel fundamental na execução da obra.

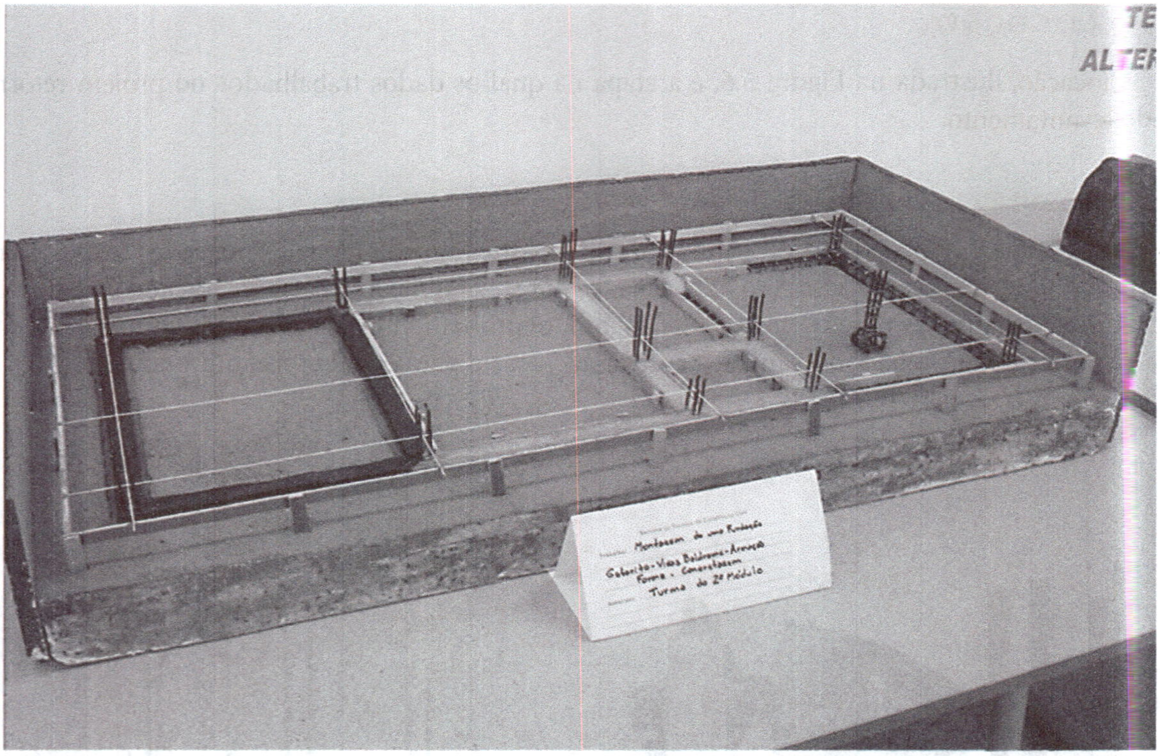

Figura 5.7 - Maquete de um gabarito de locação de obra.

Amplie seus conhecimentos

» Durante o desenrolar da locação, poderão ocorrer alterações não previstas no projeto, e nesse caso a Topografia irá levantar e propor novas soluções. Por exemplo, no trabalho em um loteamento, se após o corte da vegetação e a limpeza do terreno, a locação dos lotes encontrar uma rocha onde estava projetada a construção de moradias, será novamente levantada essa área e haverá mudanças no projeto, definindo novos locais para os lotes ali destinados.

» Se a obra for de interesse público e a área for particular, o ente público responsável poderá desapropriar ou negociar a compra dessa área. Para a desapropriação, ou compra, a Topografia deverá fazer um levantamento dessa área. A desapropriação para a construção de estradas, usinas hidrelétricas, refinarias é um exemplo.

» Outra liberação muito importante é a ambiental, devido aos impactos possíveis causados pela obra. Nessa atividade, a Topografia assume vital importância, pois seus serviços vão registrar graficamente toda a situação inicial, na qual o órgão responsável vai determinar o que pode ser feito. Na execução da obra, a Topografia vai fazer o acompanhamento para verificar a obediência ao que foi solicitado e, no final, vai apontar se tudo está de acordo ou se ainda há pendências. Nesses serviços, ela se faz acompanhar dos profissionais do meio ambiente.

» Chamamos a grande área de atuação da Topografia de engenharia civil, mas ela também atua na engenharia militar. A diferença entre elas está no seu objeto de trabalho: a engenharia civil cuida dos projetos e obras do dia a dia dos cidadãos comuns, dos cidadãos civis, conforme a maioria dos serviços já mencionados; e a engenharia militar cuida de projetos e obras de cunho militar, como em situações de guerra: na construção de pontes rápidas (normalmente metálicas), construção de fábricas de artefatos e equipamentos (aviões, navios, tanques), estratégias de combate etc. Mas a engenharia militar também trabalha com situações emergenciais, como enchentes, desabamentos e outras catástrofes, pois têm estudos, equipamentos e contingentes para esse tipo de atendimento.

5.2.5 Acompanhamento

O acompanhamento é a etapa final, na qual os dados do projeto e da locação serão constantemente trabalhados na execução da obra.

5.2.5.1 Como se desenvolve o acompanhamento

O acompanhamento tem três operações básicas: a marcação, a liberação e a medição.

» Marcação de serviços: o profissional define fisicamente, no local da execução em si, os pontos no quais a obra vai se desenvolver. Por exemplo, na cravação dos piquetes e estacas para o caso de cortes e aterros, quando ocorre a marcação dos *offsets*.

» Liberação de serviços: o profissional verifica se os serviços ali marcados foram executados corretamente. Por exemplo, se uma camada de base de um pavimento atingiu o greide planejado para ela.

» Medição de serviços: o profissional quantifica os serviços executados. Por exemplo, quando ele mede quantos metros cúbicos foram gastos para a execução de um aterro. Essa fase é primordial para o pagamento dos serviços, pois estes são previamente quantificados no projeto e terão esses valores certificados nessa fase. Esses valores podem sofrer alterações, para mais ou para menos, fato que vai ser registrado na execução do *as built*.

Amplie seus conhecimentos

» Em algumas operações o acompanhamento se confunde com a locação. É como se fosse em um jogo de futebol, o "pontapé inicial" é dado pela locação, e o "jogo" em si é o acompanhamento.

» Gabarito da obra é a marcação feita em uma estrutura, normalmente de madeira, com as medidas dos pontos principais que norteiam a obra, como o centro das estacas onde serão apoiados os pilares de um prédio.

» *Offset* é o nome da marcação que define os limites para execução de cortes e aterros, em terraplenagem.

» Greide é o nome que se dá a uma série de cotas de acabamento de uma fase. Geralmente se aplica esse termo na execução de serviços em terraplenagem e construção de pavimentos. Ao terminar essa fase, o "encarregado da frente" diz para o profissional *"tá no greide"*, para que ele venha, confira as cotas e libere a camada para o próximo passo, que

» Quando da liberação de uma fase acabada, como o caso de uma camada de pavimento, além da liberação dela pelo profissional de Topografia, há a liberação do profissional que trabalha com a análise dos solos, que é um laboratorista. Esse profissional vai atestar se essa camada atingiu as condições requeridas nessa outra condição de projeto, como se os valores para a compactação estão dentro dos limites solicitados. Para os casos mencionados, usamos os termos: liberação geométrica para a liberação da Topografia, e liberação geotécnica para a liberação da análise dos solos.

» O termo medição é bastante empregado para o conjunto de operações que se faz para o pagamento dos serviços. Essas operações incluem: a medição dos serviços propriamente dita no campo, e, o "planilhamento" dessas quantidades e de seus valores de execução no escritório. Concluídas essas operações, após aprovação dos responsáveis, os serviços seguem para pagamento.

» Às vezes, os donos dos serviços (contratantes) não acompanham a obra diretamente, tendo somente um representante na "frente de serviços". Para o acompanhamento da obra eles contratam um terceiro, que são as empresas de consultoria, as quais vão fazer esse acompanhamento e fiscalização. Essas empresas de consultoria, respondendo pelos contratantes, têm autonomia para realizar as alterações necessárias no andamento da obra. Elas possuem pessoal qualificado para esse trabalho, tanto no campo como no escritório. Nesses casos, teremos dois profissionais de Topografia, o que executa a obra e o que fiscaliza a execução.

» *As built* é uma expressão em inglês que significa "como construído". É um desenho feito após o levantamento de qualquer trabalho finalizado. Serve de registro para compor a "memória" da obra, pois vai conter todas as alterações que ocorreram, do que foi projetado para o que foi realmente construído.

5.3 Erros

Em Topografia, o termo "erro" tem um significado diferente daquele que é empregado na linguagem comum.

Erro em Topografia é a diferença da medida executada para a medida absoluta. Os erros acontecem por falhas, e aqui classificamos basicamente em erros grosseiros: decorrentes de falhas humanas, defeitos dos equipamentos, influências do ambiente e erros sistemáticos, oriundos das operações de execução dos serviços, como os erros admissíveis.

5.3.1 Falhas humanas

Os erros decorrentes das falhas humanas são causados principalmente por desatenção dos operadores. Como exemplo podemos citar o desnível dos aparelhos, o desaprumo da baliza, o não esticamento da trena, a falha na leitura da mira, o esquecimento da carga das baterias. Os erros podem ser corrigidos aumentando a atenção no trabalho.

5.3.2 Defeitos dos equipamentos

Os equipamentos requerem cuidados no transporte e no manuseio. Às vezes você precisa mandá-los para manutenção, em oficinas especializadas, para que sejam aferidos.

5.3.3 Influências do ambiente

O ambiente em que estamos trabalhando influi principalmente nos aspectos do clima. Quando muito quente, ou muito frio, a temperatura atrapalha o bom desempenho dos equipamentos e até mesmo do profissional.

Lembre-se

» **Aferição** do equipamento é a operação que se faz para saber se ele está operando corretamente. É feita a comparação das medidas que ele produz com medidas verdadeiras. Algumas empresas contratantes, como Petrobras e Valec, exigem que os equipamentos tenham a sua aferição feita periodicamente e atestada por empresas que possuem autorização para a execução desses serviços.

» Um defeito comum nos instrumentos que operam com lentes é a criação de fungos. Eles devem ser eliminados desmontando-se o aparelho, e esse serviço somente deverá ser feito nas oficinas especializadas.

» Sempre que você chegar do campo, deve colocar as baterias para carregar. O teodolito, a estação total e os rádios vão funcionar perfeitamente no dia seguinte se você se lembrar desse detalhe. Você deve levar também baterias sobressalentes para o caso de um serviço mais demorado.

» Você já deve ter percebido em dias ensolarados, quando olha por sobre uma superfície quente, que parece estar saindo uma "fumaça" e a visão atrás dela fica embaçada. Se em uma estrada asfaltada você tiver que instalar uma mira ou um prisma, vai ter dificuldade de fazer as leituras na mira ou "acertar" o prisma.

5.3.4 Erros admissíveis

São os erros que você pode considerar como se não tivessem ocorridos na execução dos serviços. Aparecem após os cálculos com os dados levantados, como a soma dos ângulos dos vértices de uma poligonal fechada, que não "batem" com a soma dos ângulos dos vértices do polígono de origem. Essa diferença terá um valor máximo que será admissível e será estabelecida por fórmulas consideradas pela estatística.

5.4 Conclusão

As etapas, como vimos, têm uma interligação. Contudo, elas podem acontecer em épocas distintas e ser interrompidas, não havendo necessidade de acontecerem imediatamente após o término da anterior.

Os serviços executados em cada etapa também podem ser realizados indistintamente, independente de outras etapas. Por exemplo, você pode executar o levantamento de uma fazenda, para que o fazendeiro faça um estudo para manejo de gado em uma nova divisão dos pastos. Para esse caso provavelmente haverá a locação dos locais escolhidos para os novos pastos, sem que haja necessidade de projeto e acompanhamento.

Vamos recapitular?

Neste capítulo, você aprendeu em que consistem as etapas de um trabalho de topografia e como elas se desenvolvem.

Agora é com você!

1) Pesquise na internet quanto custam os trabalhos de Topografia desenvolvidos em cada uma das fases:

   a) valor de levantamento de áreas por m^2;

   b) valor de levantamento de áreas por hora trabalhada;

   c) valor de locação de lotes por m^2;

   d) valor de locação de lotes por hora trabalhada.

   e) valores de equipes por hora;

   f) valor de aluguel de equipamentos (pesquisar nível, teodolito, estação total e GPS);

   g) valor de aluguel de veículos, tipo van e 4 × 4.

2) Supondo que houve um trabalho de reconstrução do piso na sua casa, faça o *as buit* dos serviços em um papel milimetrado.

6

Levantamento Planimétrico

Para começar

São três os principais tipos de levantamentos topográficos: o planimétrico, o altimétrico, e juntando os dois, o planialtimétrico. Neste capítulo, você conhecerá e estudará o levantamento planimétrico.

6.1 Introdução

O levantamento planimétrico, como o próprio nome indica, plani e métrico, é a representação em um plano horizontal de um levantamento produzido com a obtenção de distâncias e ângulos horizontais. É como uma foto do solo tirada de um avião, por exemplo. Todos os elementos existentes no terreno fotografado ficam representados no plano de impressão da foto, sem considerar os "altos e baixos".

6.2 Conceitos

Os levantamentos planimétricos podem ser feitos por medidas diretas, indiretas, eletrônicas ou por uma forma combinada, utilizando mais de uma delas:

- Medidas diretas: são as lidas diretamente no instrumento que estamos utilizando, por exemplo, quando esticamos uma trena de uma baliza a outra e fazemos a leitura do valor impresso na fita. São mais utilizadas quando levantamos pequenas porções de terreno.

- Medidas indiretas: são as obtidas a partir de cálculos que tidos com as leituras feitas nos aparelhos que operamos para esse fim, como a distância obtida através de cálculos quando utilizamos um teodolito, um nível ou uma mira. As medidas indiretas são mais utilizadas em grandes porções de terreno.
- Medidas eletrônicas: são aquelas que obtemos com o uso de aparelhos que possuem um processador de leituras, como no caso da trena a laser e da estação total. Essas medidas poderão depender ou não de um anteparo. No caso da estação total, o anteparo utilizado é o prisma. Essas medidas também são empregadas, na maioria dos casos, para grandes extensões, já que o custo de uma estação total justificaria seu uso.

6.2.1 Medidas indiretas horizontais

As medidas indiretas horizontais serão feitas por meio de aparelhos, como o nível e o teodolito, que são objetos da divisão da Topografia chamada taqueometria ou estadimetria, conforme comentamos no Capítulo 1.

São as leituras feitas na mira, indicadas pelas marcações no retículo, ou estádia, contido na luneta desses aparelhos, conforme a Figura 6.1.

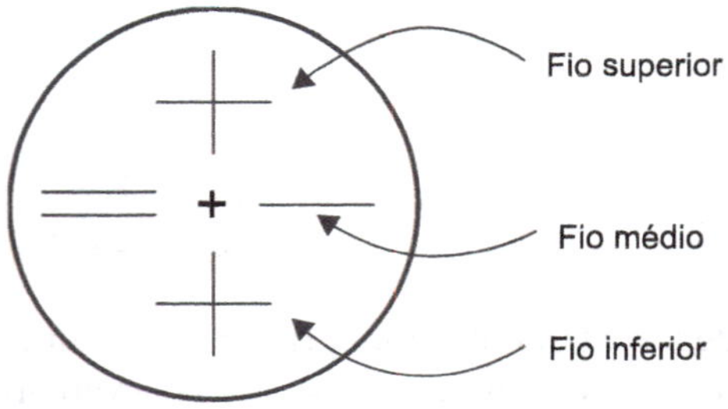

(a) Reticulos da luneta

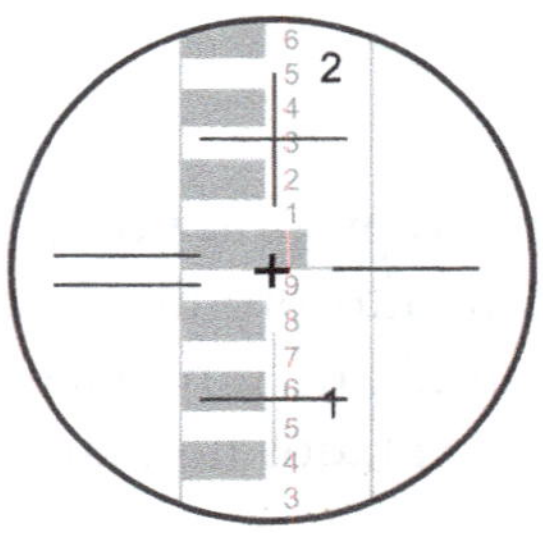

(b) Leitura da mira

Figura 6.1 - Esquemáticos dos retículos e do foco.

A medida indireta horizontal é a distância que vai da estação, ou seja, do ponto de instalação do aparelho, até o ponto de instalação da mira. Veja a Figura 6.2.

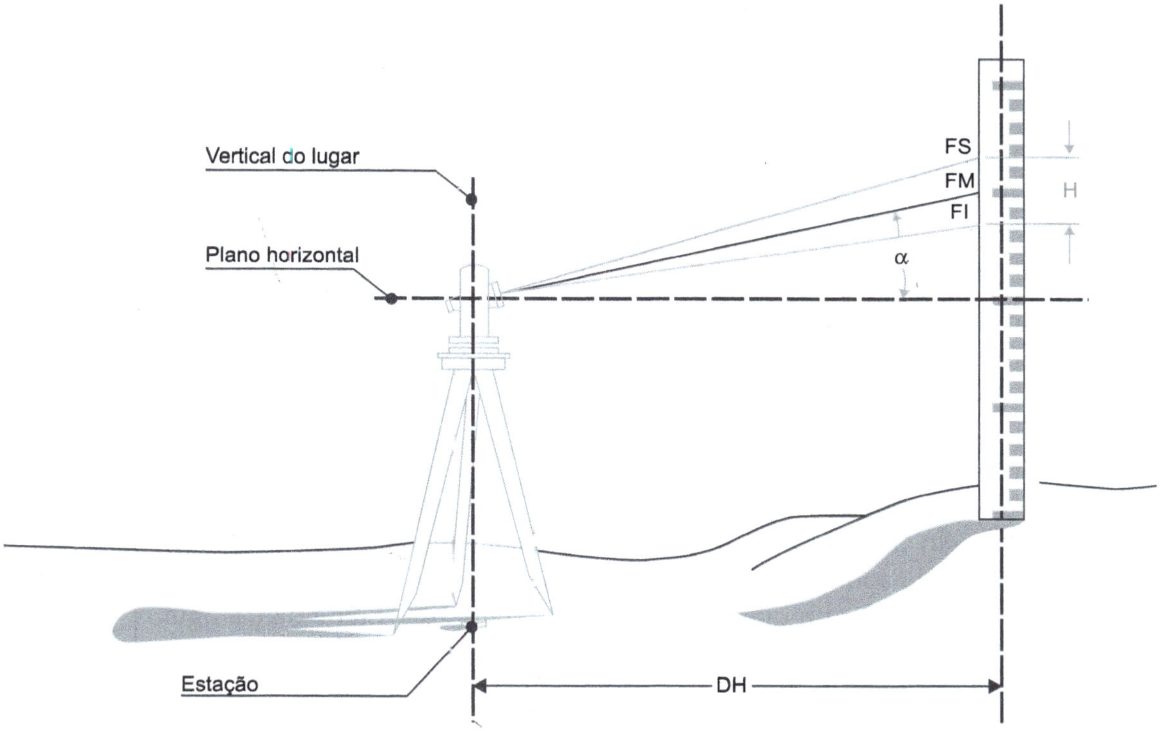

Figura 6.2 - Obtenção da medida indireta horizontal.

Em expressão matemática:

$$DH = 100 \times H \times \cos^2 \alpha + C$$

Na fórmula dada, DH é a distância horizontal citada, H é a diferença entre o fio superior e o fio inferior, α é o ângulo vertical de inclinação da luneta e C é uma constante de construção do aparelho. C = 0 se a luneta for analática, e se for alática pode variar de 25 a 50 cm, sendo indicado pelo fabricante.

Fique de olho!

Poderão ser utilizadas medidas diretas em grandes porções de terrenos se o levantamento não requerer muita precisão, como no caso de uma avaliação.

A leitura do fio médio é a média entre as leituras do fio superior e do fio inferior.

Você precisa levar em conta o famoso "custo × benefício" ao escolher o tipo de aparelho empregado para cada caso de levantamento. Além do uso técnico adequado ao levantamento, vão pesar também os custos de cada aparelho, dos acessórios e o do pessoal. Você não deve usar um caminhão para transportar um saco de cimento.

6.3 Objetivos

O levantamento planimétrico tem por objetivo representar, por meio de desenho em planta, as porções de terra de interesse, que podem ser:

» para registro em cartório de imóveis;

» para desenvolvimento de projetos;

» para controles das dimensões da área;

» para liberação de uso da área etc.

6.4 Tipos dos métodos de execução

Os métodos mais usuais dos levantamentos planimétricos são: por triangulação, por irradiação e por caminhamento. O método por caminhamento é mais conhecido por método da poligonal.

6.4.1 Levantamento por triangulação

No levantamento por triangulação procedemos previamente o desenho do croqui dividindo a área a ser medida em triângulos. Primeiro definimos triângulos mestres, que passarão por pontos conhecidos e servirão de apoio ou base, e, na sequência, definimos os triângulos menores, que farão a amarração dos detalhes. Assim que determinamos no croquis a rede de triângulos, passamos para o trabalho de campo, no qual iremos efetuar as medidas lineares e angulares.

O levantamento por triangulação é mais empregado em pequenas áreas e pode ser feito com medidas diretas e indiretas.

6.4.1.1 Procedimento para o levantamento por triangulação

Tomando como exemplo um terreno com o formato mostrado na Figura 6.3, deve-se proceder da seguinte maneira:

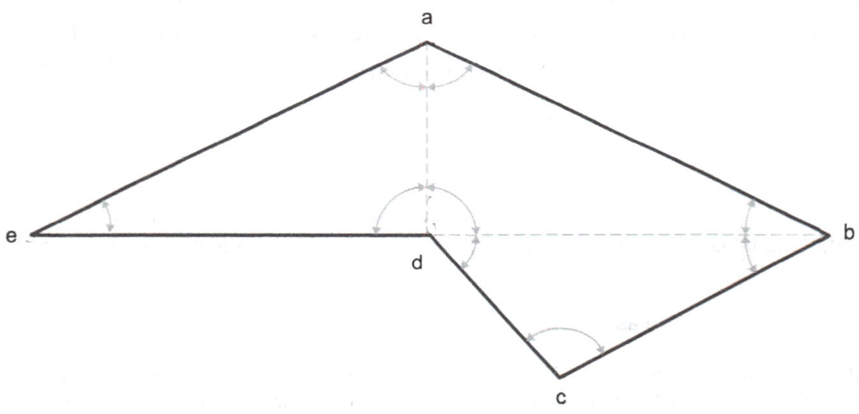

Figura 6.3 - Levantamento por triangulação.

» **Primeiro passo:** para o desenho do croquis, você fará um esboço aproximado do formato do terreno, que aqui foi descrito pelos pontos a, b, c, d e e.

» Segundo passo: irá criar, no croquis, os triângulos ade, abd e bcd.

» Terceiro passo: em cada triângulo já mencionado, fazer as medidas lineares dos lados e as medidas angulares de seus vértices, anotando na planilha própria.

» Quarto passo: com os instrumentos de desenho - escalímetro, transferidor, esquadros e compasso -, passar esses dados para o papel, observando a escala escolhida.

» Quinto passo: com o desenho pronto, fazer a descrição do terreno constando sua orientação, calcular sua área e os demais dados necessários. Para o cálculo da área você deve consultar o Capítulo 2.

Lembre-se

» **Amarração** é o nome que se dá ao levantamento que se faz de pontos de destaque, a que chamamos de **acidentes**, naturais (rios, lagos, árvores etc.) e artificiais (construções, pontes, postes etc.) para melhor definição do objeto do levantamento.

» **Escala** é a **proporção** em que apresentamos, no desenho, o tamanho real da porção levantada. Assim, quando usamos uma escala de 1:100 ou 1/100 (que se lê 1 para 100), queremos dizer que cada uma parte no desenho representa cem partes no tamanho real. Para facilitar esse trabalho existe um instrumento chamado **escalímetro**, que é uma régua graduada com várias escalas, que permite a leitura direta da escala que se quer utilizar. Esse procedimento é empregado para as medidas lineares.

» **Transferidor** é o instrumento de desenho que permite a marcação no papel do ângulo medido no campo.

6.4.2 Levantamento por irradiação

No levantamento por irradiação devemos assegurar que o ponto escolhido para base das medidas de amarração tem visibilidade para todo o perímetro do que se está levantando, bem como os pontos principais que queremos que apareça no levantamento, por exemplo, os acidentes naturais e artificiais.

6.4.2.1 Procedimento para o levantamento por irradiação

Tomando como exemplo um terreno com o formato mostrado na Figura 6.4, você deve proceder assim:

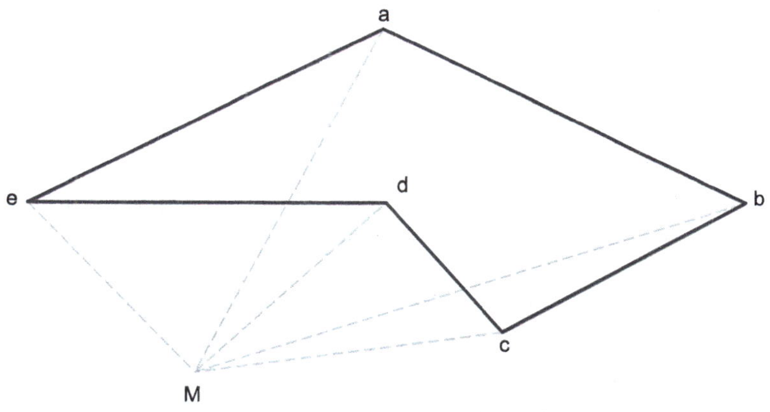

Figura 6.4 - Levantamento por irradiação.

» Primeiro passo: para o desenho do croquis, fazer um esboço aproximado do formato do terreno, que neste caso ficará descrito pelos pontos a, b, c, d e e.

» Segundo passo: é escolhido o ponto-base das medidas de amarração. No caso do exemplo, temos a possibilidade de colocar o ponto M, do lado externo, mas poderia ser interno, se a situação de visibilidade exigisse.

» Terceiro passo: são criadas, no croquis, as visadas Me, Ma, Md, Mb e Mc.

» Quarto passo: no ato do levantamento em si, de cada visada é procedida uma medida linear e uma medida angular.

» Quinto passo: no escritório, com os instrumentos de desenho - escalímetro, transferidor, esquadros e compasso -, passar esses dados para o papel, observando a escala escolhida.

» Sexto passo: com o desenho pronto, executar a descrição do terreno constando sua orientação, o cálculo de sua área e os demais dados necessários, como o procedido no levantamento por triangulação.

6.4.3 Levantamento por caminhamento ou poligonal

É o tipo de levantamento no qual vamos percorrer todo o "trajeto" escolhido para a instalação das estações, que servirão de apoio para a amarração dos pontos pretendidos na definição do traçado. No levantamento de uma área rural, por exemplo, esse traçado deverá conter as divisas, bem como todos os acidentes naturais e artificiais.

As poligonais poderão ser abertas ou fechadas. No nosso estudo vamos nos deter nas fechadas, pois o que se aplica a elas pode se estender às abertas.

Lembre-se

» O nome **poligonal** vem de **polígono**, figura geométrica com propriedades conhecidas e que vão ser utilizadas nos cálculos e desenhos.

» Os polígonos recebem nomes especiais segundo sua forma, como o **triângulo**, com três lados, o **quadrado**, com quatro lados, o **pentágono**, com cinco lados, e assim por diante.

6.4.3.1 Aparelhos e instrumentos utilizados

Este levantamento é feito com aparelhos que possam fornecer medidas lineares (distâncias) e medidas angulares (ângulos).

O aparelho mais comum empregado é o teodolito, mas podemos empregar também a bússola, o nível ou a estação total.

Com o emprego da bússola faremos a leitura direta dos ângulos; as distâncias entre os pontos de amarração precisam ser feitas com trena, e a porção de terreno medida tem que ser pequena. Uma precisão menor também é característica desse procedimento.

Utilizando o nível necessitamos encontrar um terreno com pouquíssimas alterações no relevo, pois esse aparelho nos impõe essa limitação, sendo que sua luneta somente faz leituras de ângulos horizontais. Dependendo do modelo do nível empregado, a leitura desses ângulos horizontais também não oferece muita precisão. A mira será o instrumento usado para a obtenção das distâncias, que serão indiretas.

Fazendo o uso do teodolito, teremos uma precisão melhor que a dos métodos em que empregamos a bússola ou o nível. A mira também servirá de instrumento para se obter as medidas lineares, que serão indiretas porque requerem cálculos posteriores, e a medida dos ângulos também será leitura direta, porém mais precisa que na bússola e no nível.

Ao empregarmos a estação total para esse tipo de levantamento estaremos fazendo um trabalho bem próximo do "perfeito". A estação total nos dá excelente precisão, diminui consideravelmente o tempo dispendido, bem como a quantidade de acessórios e de pessoal. Isto sem contar que os dados levantados serão armazenados em seu processador, baixando em muito a possibilidade de erro. Como já lembramos, só precisamos levar em conta o "custo x benefício".

6.4.3.2 Procedimento para o levantamento por poligonal

Vamos estudar o procedimento para obter o desenho mostrado na Figura 6.5:

» Primeiro passo: após o contato com o interessado, você deve fazer uma visita ao local para traçar as estratégias mencionadas no capítulo anterior.

» Segundo passo: traçar no croquis o modelo da poligonal escolhida, definindo seu formato e os acidentes a ser levantados.

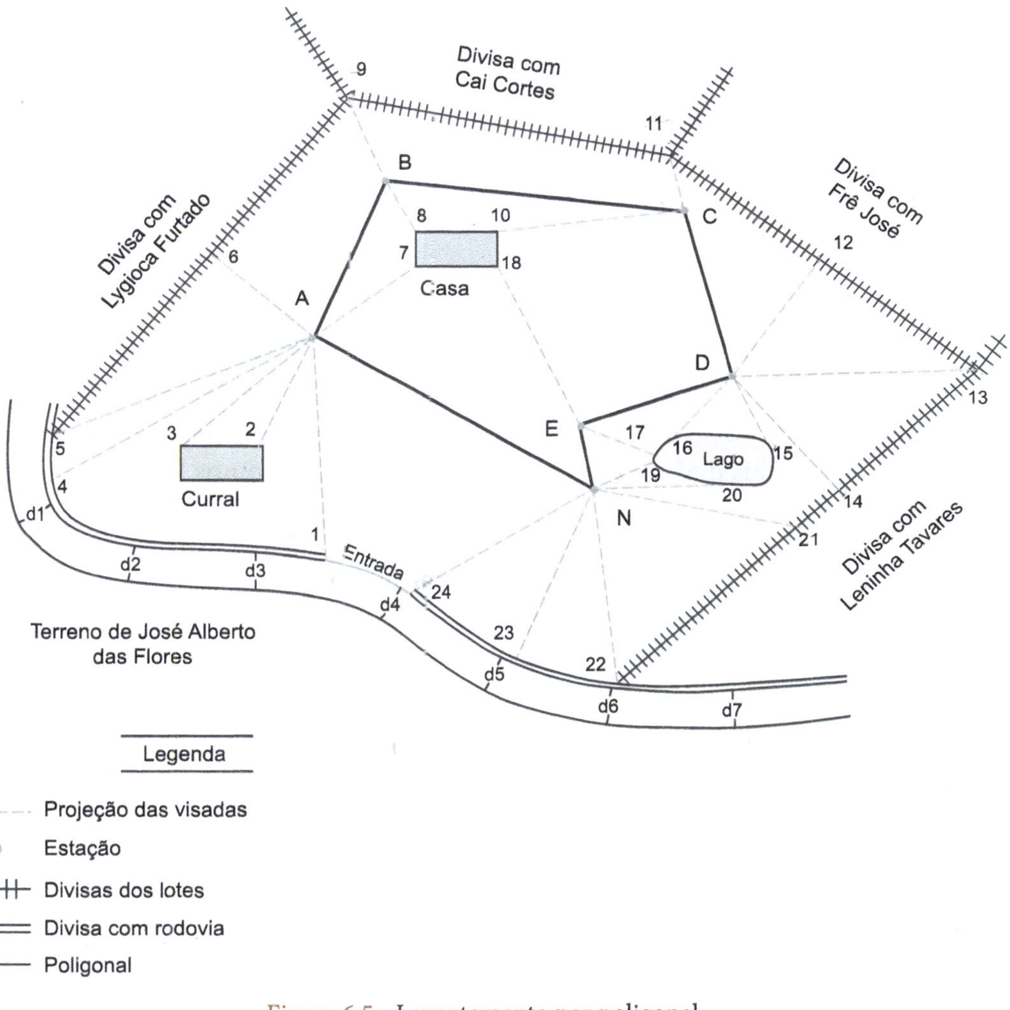

Figura 6.5 - Levantamento por poligonal.

- » Terceiro passo: estacionar o aparelho, teodolito ou estação total no primeiro vértice da poligonal, ou seja, na primeira estação, que no caso é o ponto A. Escolher o sentido do caminhamento, horário ou anti-horário.

Se for usado o teodolito:

- » Quarto passo: escolhendo o sentido horário do caminhamento, fazer as leituras no último vértice do caminhamento, leitura de ré na estação N, e em seguida fazer a leitura no próximo vértice, leitura de vante na estação B, anotando todas as leituras na planilha própria, mostrada na Tabela 6.1.

Se for usada a estação total:

- » Quinto passo: escolhendo o sentido horário do caminhamento, fazer as leituras no último vértice, ou seja, a leitura de ré na estação N e, em seguida, fazer a leitura no próximo vértice, leitura de vante na estação B, registrando todos os dados no coletor.
- » Sexto passo: fazer as leituras dos pontos de amarração dos acidentes, naturais e artificiais, ou seja, os pontos da divisa, da estrada e do curral. Tomando ainda a estação A como exemplo, a partir daí proceder a leitura dos pontos 1, 2, 3, 4, 5, 6, e 7. Só então passar ao vértice B.
- » Sétimo passo: estacionar o aparelho no segundo vértice, estação B, fazer a leitura de ré na estação A, e a leitura de vante na estação C.
- » Oitavo passo: repetir as operações em todos os vértices até terminar o levantamento no vértice N.

Se for usado o teodolito:

- » Nono passo: no escritório, proceder aos cálculos, fazer o fechamento angular e o linear.
- » Décimo passo: com os instrumentos de desenho – escalímetro, transferidor, esquadros e compasso –, passar esses dados para o papel, observando a escala escolhida.
- » Décimo primeiro passo: com o desenho pronto, fazer a descrição do terreno, o cálculo de sua área e os demais dados necessários, como o procedido nos levantamentos anteriores;

Se for usada a estação total:

- » Décimo segundo passo: "descarregar" os dados no programa específico e trabalhar digitalmente até que se obtenha o desenho final. Imprimir, se for o caso.

6.4.3.3 Caderneta de campo: planilha de levantamento

De acordo com o exemplo didático, com dados arbitrários, as anotações deverão ser feitas conforme consta na planilha da Tabela 6.1:

Tabela 6.1 - Modelo de caderneta: planilha de levantamento por poligonal, que deverá ser preenchida à mão, no campo

Planilha de levantamento - poligonal										
Cliente:		José Alberto das Flores								
Local:		Sítio da Florzinha - Estrada da Graminha, km 5 - Município Juiz de Fora - MG								
Profissional:		Escritório Azimuth Levantamentos				Data:	8 jan. 1953			
Altura aparelho	Estação	Ponto visado	Ângulo horizontal	Fio superior	Fio médio	Fio inferior	Ângulo vertical	Distância horizontal	Obs.
1,51	A	N	0° 00" 00"	1400	1000	600	92° 31" 20"		ré
		B	93° 23" 18"	1400	1200	1000	89° 15" 17"		vante
		B	93° 23" 10"						
		B	93° 23" 45"						
		1	300° 25" 07"	1450	1200	950	87° 35" 25"		estrada
		2	180° 38" 17"	1200	1000	800	91° 29" 45"		curral

Amplie seus conhecimentos

- » O fio médio deverá se lido sempre em um número inteiro, 1000, 1200 ou 1500, por exemplo, facilitando assim a conferência da leitura dos fios superior e inferior, ainda no campo.
- » As leituras na mira deverão sempre ser feitas com quatro algarismos. Eles irão representar: metro, decímetro, centímetro e milímetro, sendo que este último, o milímetro, será sempre estimado, pois o fio que vai defini-lo estará entre duas marcações de centímetro, como no exemplo: FS = 1238 / FM = 1200 / FS = 1162, mostrado na Figura 6.6.
- » Para assegurar a medida correta da leitura dos ângulos referentes aos vértices da poligonal, você deverá fazê-la três vezes consecutivas.
- » A conferência das distâncias será feita pelas duas leituras do mesmo trecho, vante e ré.
- » Você deve fazer a leitura da altura do instrumento logo no início das operações em cada estação. Se deixar para depois, talvez se esqueça.

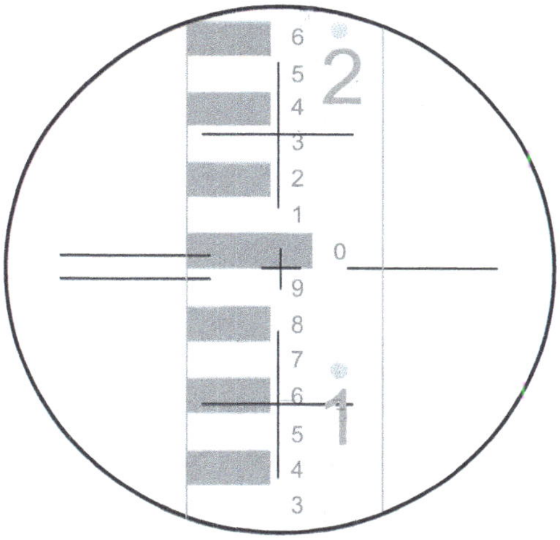

Figura 6.6 - Exemplo de leitura feita na mira.

- » A visada de ré deverá ser feita sempre com 0° 00' 00", para facilitar a operação de conferência dos ângulos horizontais.
- » O ângulo vertical anotado na caderneta será aquele lido no aparelho. Para ser utilizado na fórmula do cálculo das distâncias deverá ser o ângulo do movimento da **inclinação** da luneta, ou seja, o ângulo vertical reduzido.
- » A letra N, adotada para o último vértice, está colocada no lugar do F porque se você ainda não terminou o caminhamento não sabe qual será o último vértice.

6.4.3.4 Fechamento da poligonal

Chamamos de fechamento toda operação necessária para que o polígono levantado se compare ao geométrico. Esse fechamento já começa nas operações de campo: nas repetidas leituras dos ângulos dos vértices, nas leituras de vante e ré para os lados da poligonal, por exemplo. A comparação entre os polígonos precisa ser feita para que o levantamento tenha sua credibilidade assegurada e o desenho "feche".

O fechamento deverá ser feito nas medidas angulares e nas lineares, devendo ser executado na ordem apresentada a seguir.

Fechamento angular

Você precisa somar os ângulos do polígono levantado e compará-lo com o do polígono geométrico. A diferença que aparecer, seja para mais ou para menos, deverá ser descontada ou acrescida em cada ângulo proporcionalmente. Essa diferença tem um limite, que chamamos tolerância

Para melhor compreensão, vamos a um exemplo prático:

Você foi ao campo e levantou uma poligonal com oito lados cujos ângulos dos vértices mediram:

A = 68° 30', B = 70° 30', C = 65° 30', D = 72° 30', E = 69°, F = 67°, G = 69° 30', H = 65° 30'

Se a poligonal que você levantou no campo tem oito lados, ela tem que ser comparada a um octógono.

Sabendo-se que a soma dos ângulos internos de um polígono qualquer é definida pela expressão:

$$S_i = 180° \ x \ (n - 2)$$

Sendo n o número de vértices, ou lados, de um polígono, teremos:

$$S_i = 180° \ x \ (8 - 2) = 520°$$

Faça na calculadora o seguinte procedimento: some os ângulos internos da poligonal que você levantou e terá 528°. Comparando esse total com a soma do polígono geométrico, você terá a seguinte diferença: 528° – 520° = 8°.

Tomando os 8° de diferença levantados a mais e dividindo pelo número de vértices, você terá: 8°/8 vértices = 1°.

Tomando o 1° obtido na divisão e subtraindo em cada ângulo lido ao levantar a poligonal, você vai obter o ângulo a ser adotado no desenho do levantamento, ou seja, cada ângulo levantado sofrerá uma modificação no seu valor original, ficando da seguinte maneira:

A = 67° 30', B = 69° 30', C = 64° 30', D = 71° 30', E = 68°, F = 66°, G = 68° 30', H = 64° 30'

Fechamento linear

Para o fechamento linear, você precisa desenhar a poligonal utilizando os ângulos calculados e os lados levantados, em escala. Colocar esse desenho em um par de eixos X e Y, de orientação de coordenadas, fazer projeções ortogonais sobre os eixos e segundo o somatório das projeções em cada eixo, fazer a verificação se está "passando" ou "faltando" nas distâncias dos lados, que deverão ser descontadas ou acrescidas proporcionalmente ao número de lados, com o mesmo procedimento já adotado do fechamento angular. A diferença encontrada tem um limite de tolerância.

Fique de olho!

Os fechamentos citados somente se aplicam a poligonais fechadas, não sendo possível fazer essa verificação para o caso das poligonais abertas.

Para as poligonais abertas, a verificação é feita com o caminhamento feito nos dois sentidos, ou seja, no primeiro sentido de ida e no segundo sentido de volta. Esse processo possibilita refazer as leituras lineares e angulares e, tomando como base a média das duas, executamos o desenho. Esse procedimento assegura a boa qualidade do levantamento.

Todos os procedimentos para se desenvolver o trabalho no levantamento por poligonal podem ser adotados para os levantamentos por triangulação e irradiação.

Observe que para os desenhos dos ângulos não empregamos a escala. Ela somente nos serve no caso das medidas lineares, superficiais e volumétricas.

6.5 Orientação dos levantamentos planimétricos

Os levantamentos planimétricos têm informações necessárias a sua localização, ao seu endereço e sobre o assunto que aprenderá neste item.

6.5.1 Introdução

Tal como você tem endereço - rua, bairro, cidade, estado etc. -, o levantamento também precisa ter uma referência de localização, precisa ter um "endereço". No caso dos levantamentos, essa referência de localização chama-se orientação.

Com a orientação conseguimos fazer o registro de um imóvel, localizar um terreno, fazer a locação de um projeto e tantos outros serviços nos quais é imprescindível sua localização.

Amplie seus conhecimentos

Até 1987, a orientação era feita apenas por intermédio de marcos instalados estrategicamente, com referências a sistemas terrestres, por exemplo, latitude e longitude. Isso com alguns problemas, pois existe no Brasil mais de um sistema em vigor, o SAT69 e o SIRGAS2000, que fornecem informações diferentes.

Atualmente, com a entrada do GPS nesse cenário, a orientação vem sendo feita também a partir de referências a sistemas espaciais, que pode ser obtida em tempo real quando instalamos um aparelho receptor de sinais, não havendo necessidade de procurarmos a amarração a partir de um marco instalado. O sistema em vigor no Brasil para essa orientação é o WGS84, também conforme orientação obtida no site do IBGE.

Segundo informações do IBGE, o SIRGAS2000 será o sistema oficial, corrigido e adotado a partir de 2014, e é compatível com o WGS84.

6.5.2 Conceitos

As principais orientações que você vai estudar serão: azimutes e rumos. Com elas você conseguirá referenciar seus trabalhos topográficos.

6.5.2.1 Azimute

É o nome que se dá ao ângulo formado, no sentido horário, entre o norte magnético ou norte verdadeiro e a direção que queremos posicionar. Essa direção pode ser, por exemplo, a do primeiro lado de uma poligonal.

Essa orientação será sempre mencionada quando você der a posição do ponto de partida de um levantamento, ou será citada em todos os pontos, dependendo do trabalho desenvolvido.

Essa orientação servirá de referência sempre que produzirmos a descrição de um local.

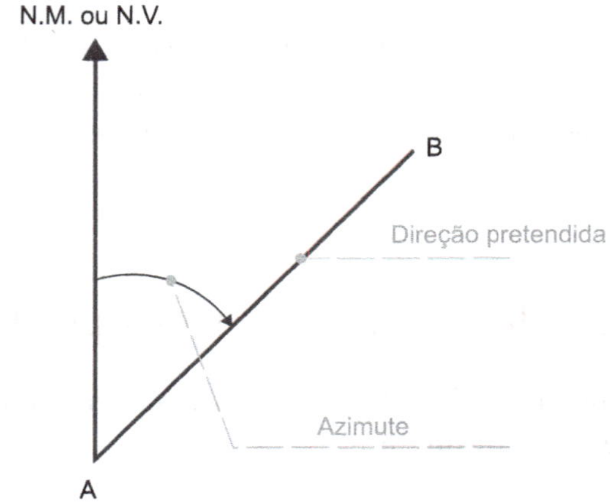

Os azimutes vão variar de 0° a 360°, conforme os exemplos representados a seguir:

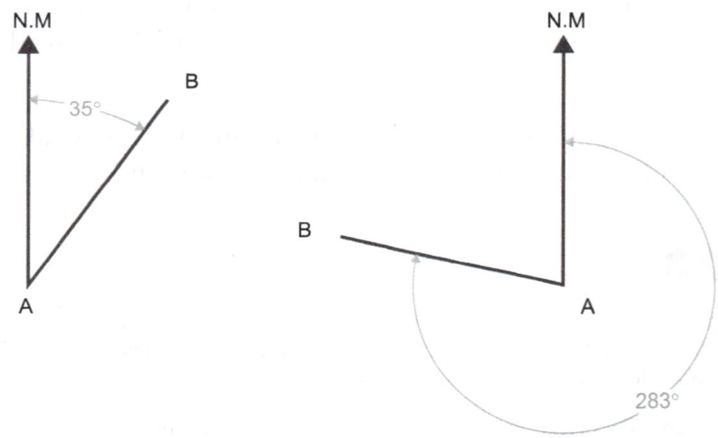

Amplie seus conhecimentos

- Norte magnético: é o polo terrestre indicado pela agulha da bússola.
- Norte verdadeiro: é o polo terrestre indicado pela geografia.
- A diferença entre os graus da indicação do norte magnético com o norte verdadeiro é denominada declinação magnética.
- Dependendo da precisão exigida de um levantamento, ele citará o valor da declinação magnética na data desse levantamento, pois ela varia de acordo com os movimentos de rotação e translação da Terra, além de variar também com os anos.

6.5.2.2 Rumo

É o nome que se dá ao ângulo formado entre o norte magnético ou norte verdadeiro e a direção que queremos posicionar. Essa direção pode ser, por exemplo, a do primeiro lado de uma poligonal. A finalidade é a mesma do azimute, porém possui forma de apresentação diferente dele.

Os rumos vão variar de 0° a 90° e são nomeados no sentido do norte para o sul, nos 1° e 4° quadrantes, e do sul para o norte, nos 2° e 3° quadrantes, conforme exemplos mostrados abaixo:

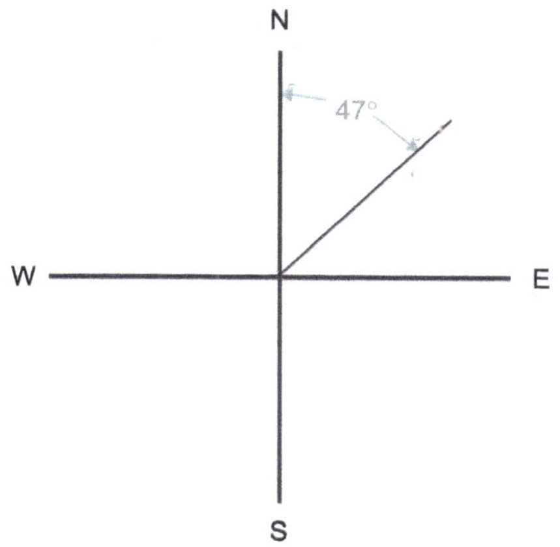

Rumo: 47° NE

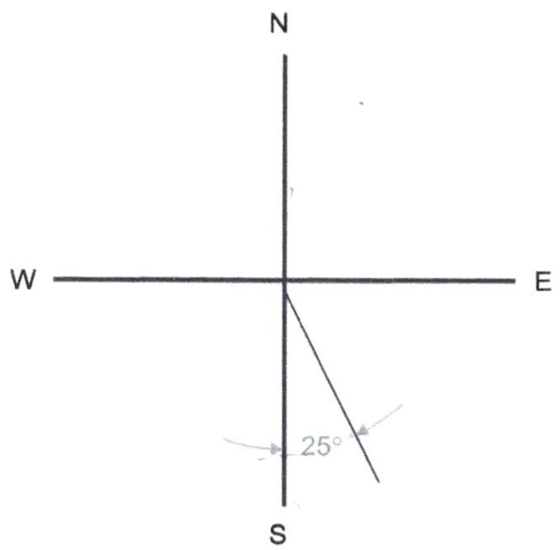

Rumo: 25° SE

6.5.2.3 Deflexão

É o nome dado ao ângulo formado pelo prolongamento de um lado do caminhamento com o próximo lado. Se o próximo lado for à direita, dá-se o nome de deflexão à direita; e se o próximo lado for à esquerda, dá-se o nome de deflexão à esquerda. O ângulo da deflexão varia de 0° a 180°. Tem como principal finalidade a sua citação na descrição do levantamento.

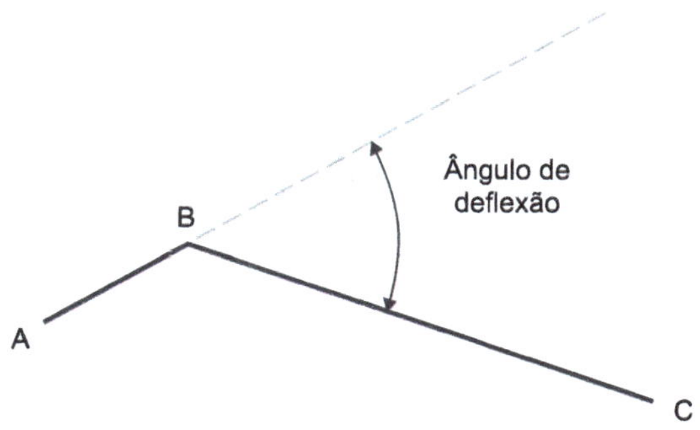

Vamos recapitular?

Neste capítulo você aprendeu como realizar um levantamento planimétrico e sua orientação.

Agora é com você!

1) Calcule a distância horizontal entre dois pontos sabendo-se que as leituras na mira foram FS = 1200, FM = 1000, FI = 0800, que o ângulo de inclinação da luneta foi 25° 05' 22", e a luneta é analática.

2) Você foi ao campo e fez as seguintes leituras em uma visada: FS = 2350, FM = 2000 e FS = 2750, com um ângulo de inclinação da luneta de 25° 05' 22" (a luneta é analática). Calculou a distância horizontal e seu levantamento não "fechou". Onde está o erro?

3) Qual é a deflexão no vértice C, considerando a poligonal igual ao polígono regular da ilustração abaixo?

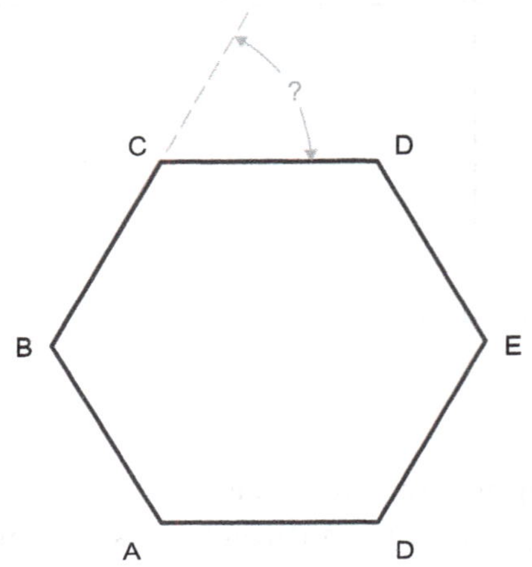

4) Calcule o azimute para a estação B, conhecendo-se o azimute de A = 330° e a deflexão em B = 60°.

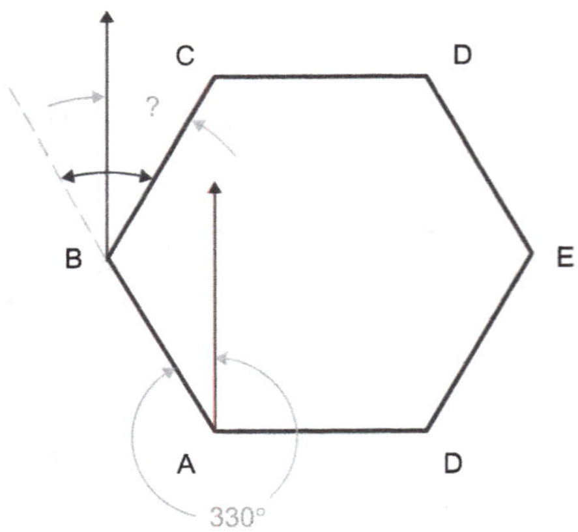

5) Utilizando a caderneta de campo abaixo, calcule as distâncias horizontais:

Planilha de levantamento – poligonal									
Cliente:		Juarez Oliveira							
Local:		Estrada de Jacareí, km 12 – Município Tatuí – SP							
Profissional:		Jean Oliveira				Data:	18/3/2013		
Altura aparelho	Estação	Ponto visado	Ângulo horizontal	Fio superior	Fio médio	Fio inferior	Ângulo vertical	Distância horizontal	Obs.
1,51	A	N	0° 00' 00"	1400	1000	600	92° 31' 20"		ré
		B	93° 23' 18"	1400	1200	1000	89° 15' 17"		vante
		B	93° 23' 10"						
		B	93° 23' 45"						
		1	300° 25' 07"	1450	1200	950	87° 35' 25"		estrada
		2	180° 38' 17"	1200	1000	800	91° 29' 45"		curral

6) Verifique se a afirmação está certa ou errada: "O azimute de um alinhamento é o ângulo formado entre a direção do norte magnético e a direção desse alinhamento. Seu valor é sempre menor que 90°".

7) Verifique se a afirmação está certa ou errada: "O rumo de um alinhamento é o ângulo formado entre a direção norte-sul e a direção do alinhamento, orientado sempre no sentido NE, NO, SE e SO".

8) O que é uma distância horizontal?

9) Quais são os equipamentos utilizados junto com a estação total para a medição de uma distância horizontal?

10) Com o auxílio de uma calculadora, determine a distância horizontal (DH) quando:

a) a distância inclinada for igual a 2.315,00 m e o ângulo vertical for igual a 15° 07' 22".

b) a distância vertical for igual a 7,00 m e o ângulo vertical for igual a 8° 35' 17".

c) a distância vertical for igual a 1,50 m e o ângulo vertical for igual a 10° 02' 22".

d) a distância inclinada for igual a 380,00 m e o ângulo vertical for igual a 19° 25' 12".

11) Calcule a soma dos ângulos internos e externos dos polígonos de:

a) 12 lados.

b) 15 lados.

c) 20 lados.

12) O que você entende por norte verdadeiro?

13) Qual a diferença entre azimute magnético e azimute verdadeiro?

14) Converta os seguintes rumos em azimutes:

a) 29° 19’ 35” NO.

b) 49° 38’ 32” SO.

c) 16° 27’ 28” NE.

d) 25° 15’ 31” SE.

15) Calcule os rumos dos seguintes azimutes:

a) 45° 08’ 25”.

b) 136° 28’ 17”.

c) 226° 46’ 38”.

d) 335° 28’ 26”.

16) Assista aos vídeos na internet sobre equipamentos topográficos e como operá-los.

7

Levantamento Altimétrico

Para começar

São três os principais tipos de levantamentos topográficos: o planimétrico, o altimétrico e, juntando os dois, o planialtimétrico. Neste capítulo, você conhecerá e estudará o levantamento altimétrico.

7.1 Introdução

O levantamento altimétrico também acompanha o que diz seu nome: tem relação com altura e representação em um plano vertical. Nesse tipo de levantamento aparecem os "altos e baixos", que na linguagem topográfica é o relevo, e é obtido com base em distâncias e ângulos verticais. Leva também o nome de perfil do terreno.

Os levantamentos altimétricos podem ser feitos por medidas diretas, indiretas, eletrônicas, ou por uma forma combinada, utilizando mais de uma delas, conforme já comentamos no levantamento planimétrico.

7.2 Conceitos

Os principais conceitos a serem estudados neste capítulo são: cota, altitude e nivelamento.

Cota é a distância vertical de um ponto até a superfície considerada. Para a cota, a superfície considerada é arbitrária, como se pode observar na Figura 7.1.

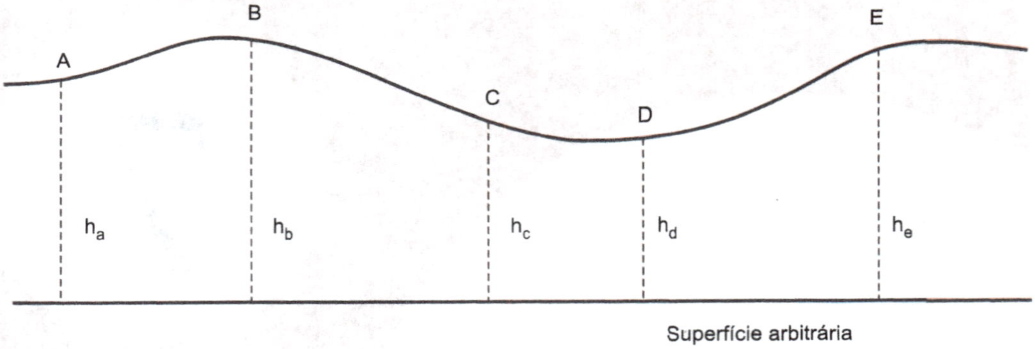

Figura 7.1 - Detalhe típico com várias cotas.

Altitude é a distância vertical de um ponto até a superfície média dos mares (N.M.M.), como mostra a Figura 7.2.

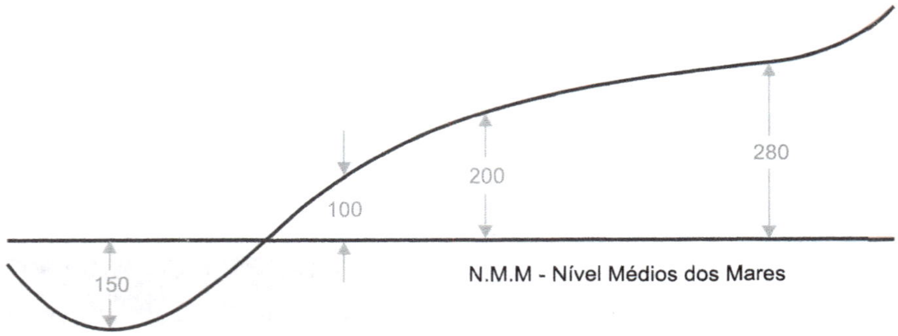

Figura 7.2 - Detalhe típico com várias altitudes.

Diferença de nível é a distância vertical entre dois pontos, como na Figura 7.3.

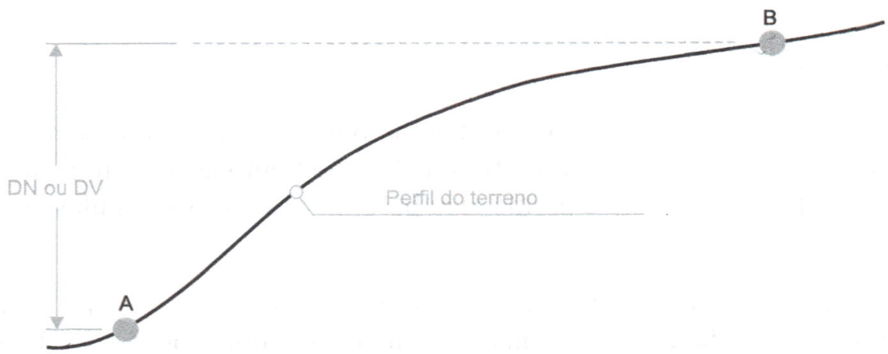

Figura 7.3 - Esquemático da diferença de nível ou distância vertical.

Nivelamento é a determinação da diferença de nível entre dois ou mais pontos, como na Figura 7.4.

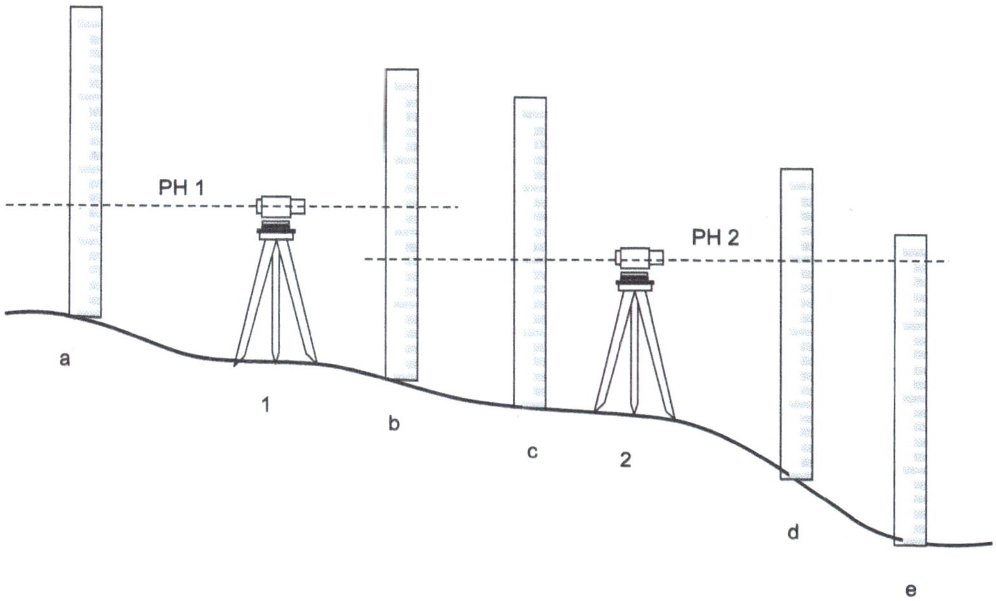

Figura 7.4 - Nivelamento entre vários pontos.

7.3 Objetivos

O levantamento altimétrico tem por objetivo definir:

» as cotas e a altitude dos pontos;

» o transporte de cotas e altitudes;

» o nivelamento dos pontos.

Fique de olho!

» Você precisa prestar atenção ao usar os termos cota e altitude, pois apesar de se referirem à diferença de nível de um ponto em relação a uma superfície, na cota a superfície é arbitrária, e na altitude é fixada (tomada com sendo o nível médio dos mares - NMM).

» O termo "altitude" é uma das referências geográficas dos lugares, como a altitude da cidade de São Paulo é 760 m, ou seja, quando vai de Santos até São Paulo você sobe 750 m aproximadamente, considerando que Santos está próximo da altitude zero.

» Batimetria é o levantamento do relevo que se faz das superfícies submersas, como o fundo dos mares, rios, lagos, represas etc. O processo pode ser físico, quando o objeto de medição toca o leito, e pode ser por aparelhos emissores e receptores de sinais, como os sonares, e nesse caso o levantamento é chamado de ecobatimetria.

7.4 Tipos dos métodos de execução

Os métodos mais usuais dos levantamentos altimétricos são: nivelamento geométrico, trigonométrico e barométrico.

7.4.1 Nivelamento geométrico

Executado por aparelhos e instrumentos que definem um plano de visada horizontal, o nivelamento geométrico é largamente empregado nos trabalhos de transporte de cotas e diferenças de nível. Pode ser executado por mangueira de nível, nível de pedreiro, nível a laser ou nível ótico.

O procedimento feito com mangueira de nível, mostrado na Figura 7.5, é utilizado para pequenos nivelamentos em obra, como o desnível dos pisos para escoamento das águas.

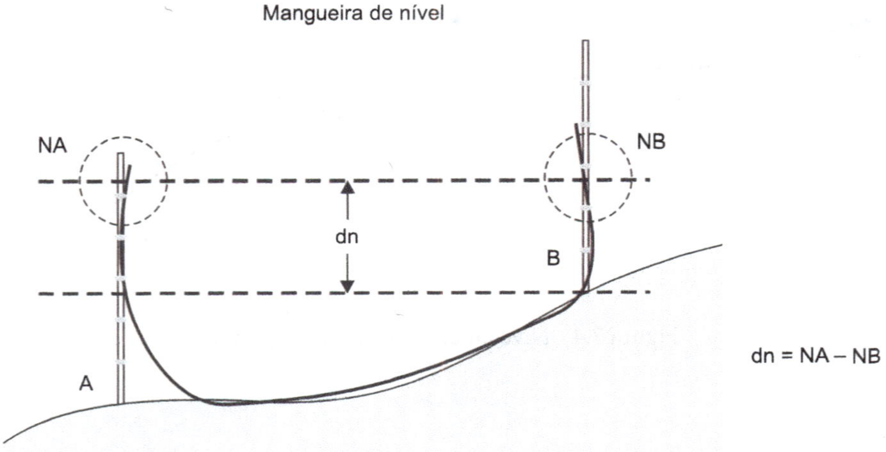

Figura 7.5 - Diferença de cotas obtida com a mangueira de nível.

O nível a *laser*, mostrado na Figura 7.6, fará o mesmo papel da mangueira de nível, com a vantagem de ter maior alcance e de manejo bem mais simples.

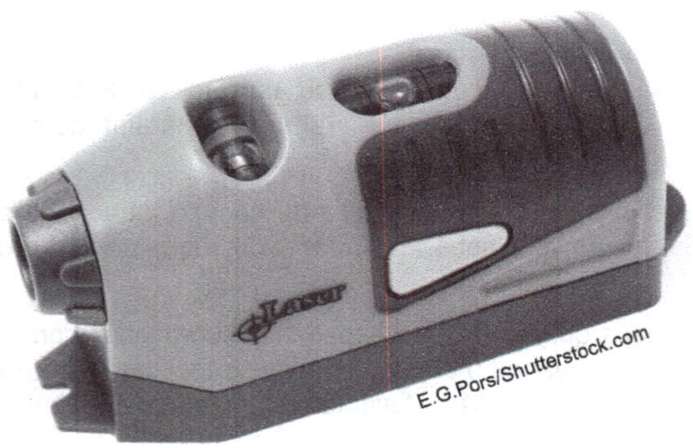

Figura 7.6 - Nível a *laser* simples.

O procedimento do nivelamento com o nível de pedreiro, mostrado na Figura 7.7, é feito em locais de difícil instalação de níveis óticos, como as encostas dos morros, no levantamento de seções transversais para desenho do traçado de perfis, nivelando as réguas.

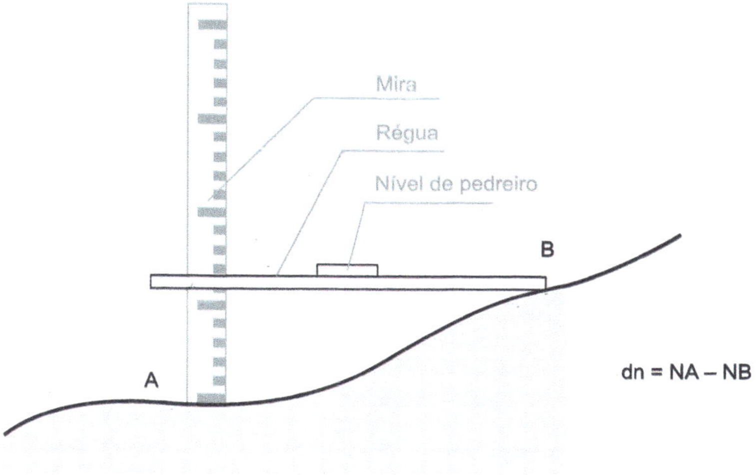

Figura 7.7 - Diferença de cotas obtida com a mira e o nível de pedreiro.

O procedimento do nivelamento com o nível ótico poderá ser feito conforme mostrado na Figura 7.8.

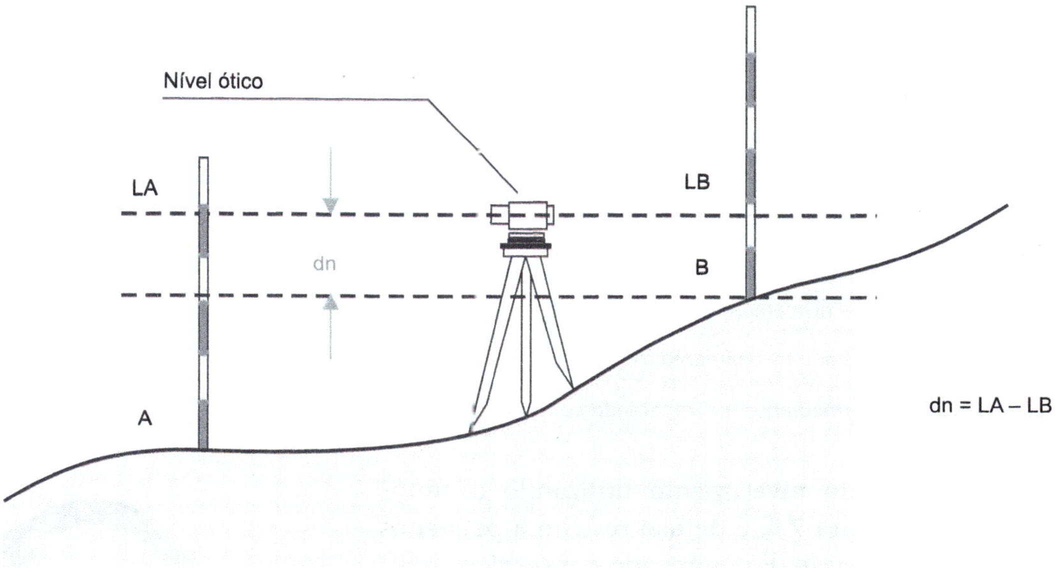

Figura 7.8 - Diferença de cotas obtida com a mira e o nível ótico.

A Tabela 7.1 traz um exemplo de planilha de nivelamento geométrico.

Tabela 7.1 - Planilha de nivelamento geométrico

Cliente:		Júlio César Corneteiro				
Local:		Rua Henrique Vaz, 2.413 - Zona B - Juiz de Fora - MG				
Profissional:		Chaxabramo Topografia			Data: 25/jun./1979	
Estação	Ponto visado	Ré	Intermediário	Vante	Cota do ponto	Plano horizontal

7.4.2 Nivelamento trigonométrico

O nivelamento trigonométrico é executado por aparelhos e instrumentos que definem um plano de visada inclinado em relação ao plano horizontal. Pode ser executado por clinômetro, teodolito e estação total.

Fique de olho!

A conferência dos serviços de nivelamento geométrico podem ser feitas das seguintes maneiras:

- com a operação chamada contranivelamento, ou seja, refazer o serviços no sentido inverso do executado;
- somando os desníveis intermediários e comparando com o desnível total.

O procedimento do nivelamento utilizando o clinômetro, mostrado na Figura 7.9, é de uso restrito a pequenos trechos e tem pouca precisão. É empregado em serviços mais grosseiros, como a escavação de valas para assentamento de tubulações que não exigem declividade de escoamento, que é o caso de dutos nas dutovias.

O procedimento de nivelamento com o teodolito segue basicamente os mesmos moldes do levantamento planimétrico, levando em conta que aqui a distância vertical, ou diferença de nível, é o item que interessa.

Figura 7.9 - Clinômetro.

» para os desníveis em aclive, ou ascendentes, veja a Figura 7.10:

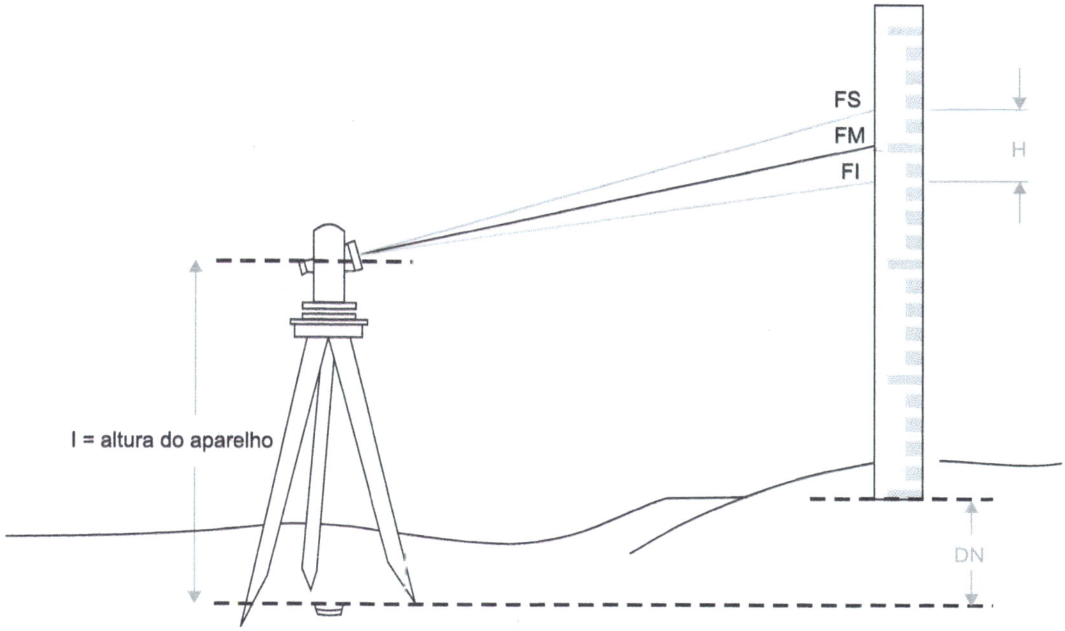

Figura 7.10 - Obtenção da medida indireta vertical ascendente.

$$DN = 50 \times H \times \text{sen } 2\alpha + FM - I$$

» para os desníveis em declive ou descendentes, veja a Figura 7.11:

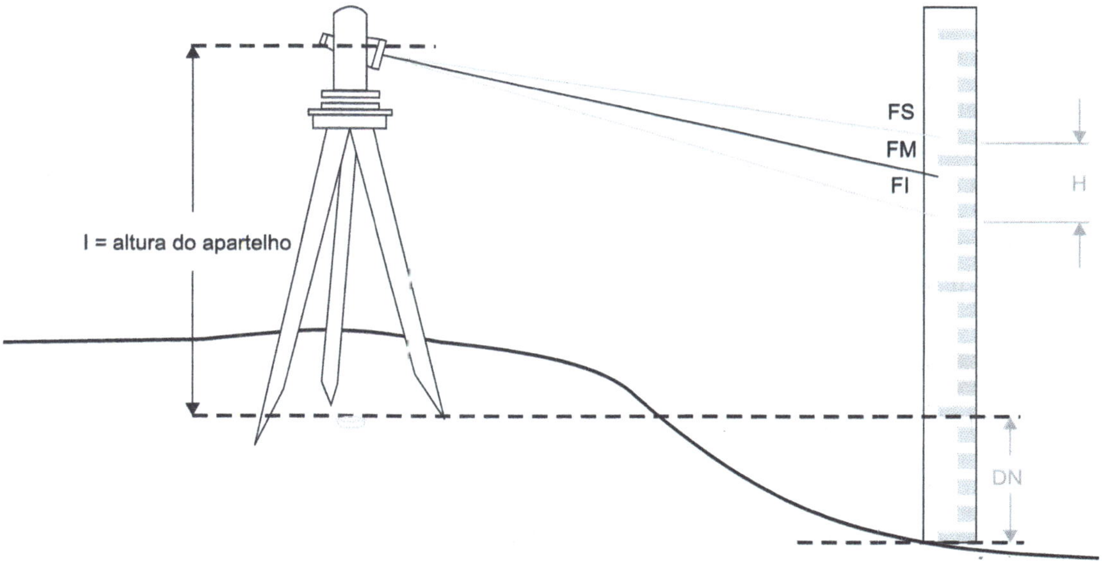

Figura 7.11 - Obtenção da medida indireta vertical descendente.

$$DN = 50 \times H \times \text{sen } 2\alpha - FM + I$$

Na fórmula anterior, DN é a diferença de nível, ou distância vertical citada, H é a diferença entre o fio superior e fio inferior, α é o ângulo vertical de inclinação da luneta, FM é o fio médio e I é a altura do instrumento.

A Tabela 7.2 traz um exemplo de planilha de nivelamento trigonométrico.

Tabela 7.2 - Planilha de nivelamento trigonométrico

Cliente:		Sr. Oswaldo Alvim							
Local:		Casadamata - Florestinha - Juiz de Fora - MG							
Profissional:		João Batista Lolo				Data: 29/9/2009			
Altura aparelho	Estação	Ponto visado	Ângulo horizontal	Fio superior	Fio médio	Fio inferior	Ângulo vertical	Distância vertical	Obs.

O procedimento de nivelamento trigonométrico com a estação total faz o mesmo trabalho do teodolito, com a vantagem de registrar todos os dados para que sejam processados em programa específico.

7.4.3 Nivelamento barométrico

O nivelamento barométrico está baseado na relação existente entre altitude e pressão atmosférica. Podemos empregar para sua medida os barômetros ou altímetros. Os barômetros trabalham com uma cápsula de mercúrio, e os altímetros com aneroides.

Aparelhos mais antigos têm pouca precisão, mas os aparelhos digitais que funcionam com sinais de satélites têm boa precisão e atualmente são os mais empregados.

Amplie seus conhecimentos

» Aneroides são os dispositivos de que são compostos os altímetros. São uma cápsula a vácuo que contém uma membrana diafragma ligada a um ponteiro, o qual indica, em uma escala definida, a altitude em que o altímetro se encontra.

» Exige-se que as aeronaves possuam um altímetro em seu painel de instrumentos. Esse altímetro é construído por aneroides, porém nas aeronaves mais modernas já estão sendo substituídos por altímetros digitais.

» Para você entender melhor a pressão atmosférica, lembramos que nos comentários esportivos na televisão, quando um time vai jogar em locais de altitudes elevadas, como no Peru, por exemplo, os jogadores precisam de um tempo para se "aclimatar", para se acostumar com a pressão atmosférica que nesses locais fica bem mais baixa que aqui no Brasil. O mesmo fenômeno também acontece com mergulhadores quando vão ao fundo do mar, pois quando retornam têm que fazer o processo de subida lentamente, para que não sofram "descompressão" muita rápida, que pode colocar sua vida em risco.

» Os limbos dos teodolitos analógicos, ou mecânicos, são discos com marcações que servem à leitura dos movimentos da luneta, seja no movimento horizontal ou vertical. Nos teodolitos eletrônicos esses discos são acopladas a sensores que produzem as leituras.

» Por serem baratos, fáceis de transportar e operar, os modelos mais simples de nível a laser têm substituído com vantagens a mangueira de nível nas pequenas obras.

Vamos recapitular?

Neste capítulo você aprendeu sobre como realizar um levantamento altimétrico e suas operações.

Agora é com você!

1) Qual a diferença entre planimetria e altimetria?

2) Utilizando o desenho esquemático do perfil do nivelamento geométrico, calcule pelos dados da caderneta abaixo: as cotas de todos os pontos e a diferença de nível entre os pontos a e e. Suponha a cota do ponto a arbitrária, igual a 10.000 m.

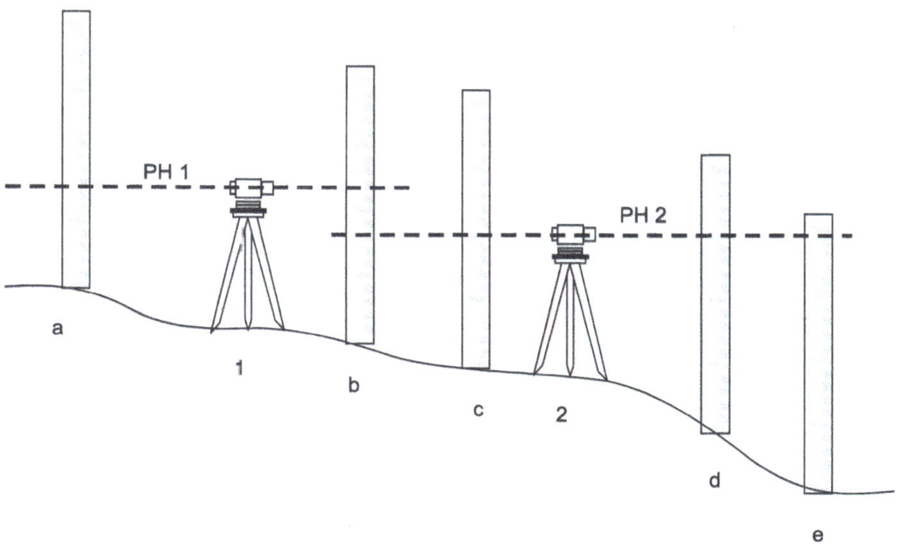

3) Em qual tipo de levantamento topográfico é utilizado o nível?

4) O que é uma distância vertical?

5) Com o auxílio de uma calculadora, determine a distância vertical (DV) quando:

   a) a distância horizontal for igual a 235 m e o ângulo vertical for igual a 12° 18' 25";

   b) a distância inclinada for igual a 224 m e o ângulo vertical for igual a 10° 12' 24";

c) a distância horizontal for igual a 1.325 m e o ângulo vertical for igual a 15° 18' 22";

d) a distância inclinada for igual a 2.700 m e o ângulo vertical for igual a 14° 27' 16".

6) Com o auxílio de uma calculadora, determine a distância inclinada (DI) quando:

a) a distância horizontal for igual a 322 m e o ângulo vertical for igual a 26° 45' 18";

b) a distância vertical for igual a 37 m e o ângulo vertical for igual a 05° 27' 12".

7) Qual a altura de uma caixa-d'água que está a 300 m de você que olha com o auxílio de um teodolito para a tampa da caixa e constata que o ângulo vertical, do horizonte à tampa da caixa, é de 15° 17' 28"?

8) Qual a diferença entre uma altitude de um ponto e a cota de um ponto?

8

Levantamento Planialtimétrico

Para começar

São três os principais tipos de levantamentos topográficos: o planimétrico, o altimétrico e, juntando os dois, o planialtimétrico. Neste capítulo, você conhecerá e estudará o levantamento planialtimétrico.

8.1 Introdução

O levantamento planialtimétrico é um procedimento que agrega os dois levantamentos já citados, o planimétrico e o altimétrico, e a representação é feita no plano horizontal com anotações de referências ao plano vertical.

Os levantamentos planialtimétricos podem ser feitos por medidas diretas, indiretas, eletrônicas, ou por uma forma combinada, utilizando mais de uma delas, conforme já comentamos no levantamento planimétrico.

Atualmente, o levantamento planialtimétrico está sendo realizado por equipamentos de recepção dos sinais de satélites, como o GPS, conseguindo uma melhor definição do relevo, dos acidentes e das divisas de uma porção terrestre.

8.2 Conceitos

O principal conceito a ser estudado neste capítulo é curvas de nível, que são a representação gráfica, em planta, de pontos de mesma cota, como mostra a Figura 8.1.

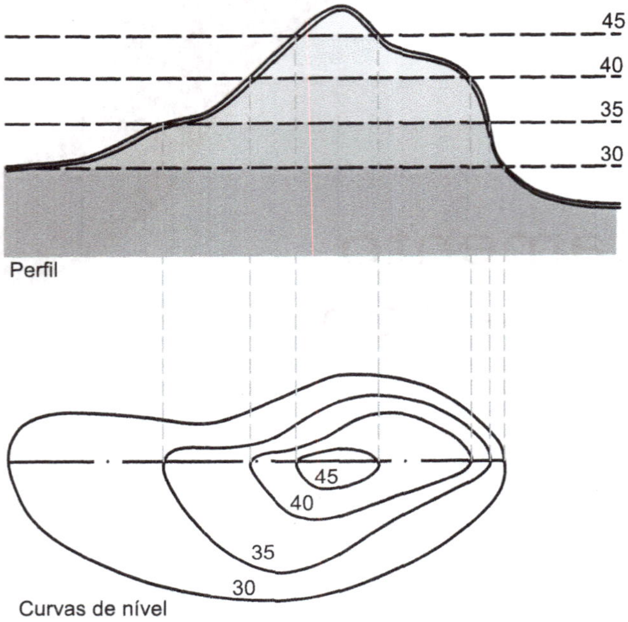

Figura 8.1 - Representação das curvas de nível.

8.3 Objetivos

O levantamento planialtimétrico tem por objetivos básicos definir:

- o desenho das curvas de nível para diversos projetos;
- o levantamento das cotas dos pontos de interesse do terreno.

> **Lembre-se**
>
> - As **curvas de nível** são a representação em um plano horizontal da projeção dos cortes feitos por planos horizontais paralelos nas elevações e depressões. Eles são bastante utilizadas quando se trabalha com movimentos de terra, como projetos e cálculos de **cortes** e **aterros** em terraplenagem. Esses planos de corte são afastados uns dos outros, dependendo do tipo de trabalho que necessitamos desenvolver no terreno, como para definição dos canais de irrigação em uma plantação, e já são levantadas e desenhadas a cada 0,5 m.
> - RN é o nome que se dá a uma **referência de nível**, ponto de partida para determinação de **cotas** ou **altitudes** em um levantamento.

8.4 Tipos dos métodos de execução

Os métodos de execução para levantamento planialtimétrico deverão seguir o exposto a seguir.

8.4.1 Levantamento planialtimétrico

Os métodos mais usuais dos levantamentos planialtimétricos são os mesmos do levantamento planimétrico conjugado com os do levantamento altimétrico.

Utilizando os levantamentos por triangulação, irradiação ou poligonal, você obtém a planta, a representação horizontal dos principais pontos de interesse do terreno.

Utilizando os nivelamentos geométrico, trigonométrico ou barométrico, você obtém as cotas ou altitudes que vão definir os pontos de interesse para a execução dos desenhos do relevo e das curvas de nível.

Aplicando no desenho da representação horizontal os dados levantados para o relevo, você obtém a representação do levantamento planialtimétrico.

Como na representação do levantamento a seguir, a principal diferença entre a planta de um levantamento planimétrico e a do levantamento planialtimétrico é a representação das cotas nos pontos de interesse. No caso a seguir, o ponto de partida para o levantamento das cotas foi um RN arbitrado, gerando, consequentemente, cotas que vão nos possibilitar as diferenças de nível em todo o terreno. Para o cálculo de cotas referenciadas aos sistemas GPS e GLONASS é necessário que se faça uma leitura em pelo menos um desses pontos com cota arbitrária. O restante dos cálculos poderá ser feito por comparação das cotas e altitudes.

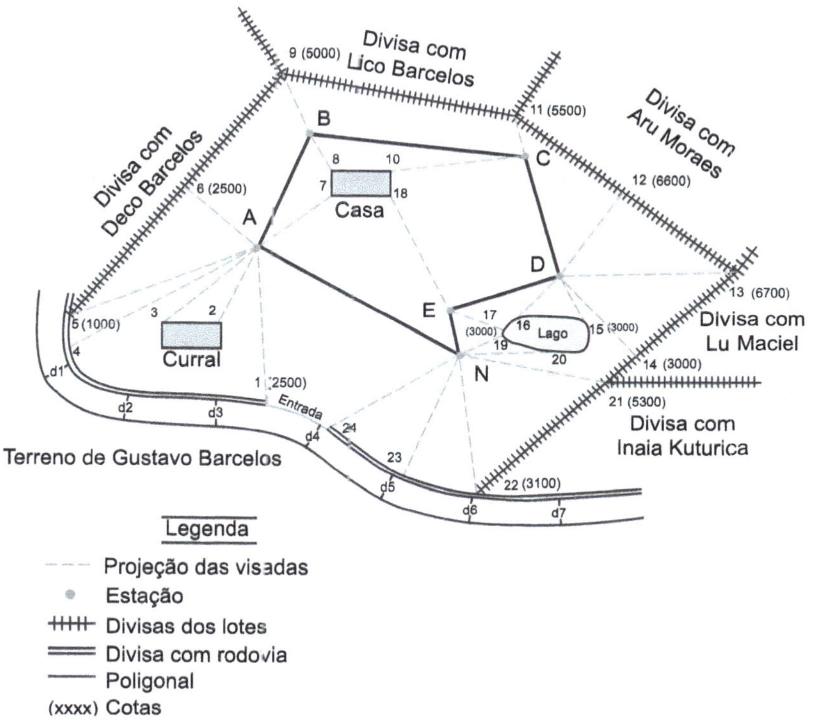

Figura 8.2 - Levantamento por poligonal indicando as cotas.

8.4.2 Georreferenciamento

O termo "georreferenciamento" vem de geo + referenciamento. A palavra grega *geo* significa Terra, e a palavra "referenciamento" significa dar referência, dar "endereço". Assim, juntando as duas, teremos o termo que, topograficamente, significa "dar indicação de uma porção terrestre baseada em um sistema de referência".

O sistema de referência escolhido para dar a indicação correta é o dos sinais emitidos pelos satélites artificiais, sendo o mais conhecido o GPS (Global Positioning System), que, traduzindo, fica Sistema de Posicionamento Global, conforme já comentado no Capítulo 6, "Levantamento Planimétrico".

O emprego do georreferenciamento surgiu da necessidade de se fazer os registros das propriedades em uma só "linguagem", ou seja, da mesma maneira em todo o país, e referenciados no mesmo sistema.

Antes da exigência do georreferenciamento, os registros de propriedade eram feitos nos cartórios, com uma planta do levantamento planimétrico, ou planialtimétrico, com a descrição dos principais pontos que definiam o terreno, como os pontos das divisas. Esse procedimento gerou muitos conflitos, pois os cartórios não conseguem fazer a comparação entre as plantas e a descrição, registrando a mesma porção para diferentes proprietários. Várias situações desse tipo vão parar na justiça e demandam muita discussão.

Surgiu, então, o Certificado de Cadastro de Imóvel Rural (CCIR), devidamente cadastrado no Sistema Nacional de Cadastro Rural (SNCR), que será ser expedido pelo Instituto Nacional de Colonização e Reforma Agrária (Incra). Essa obrigatoriedade é regida pela Lei nº 10.267/2001, de agosto de 2001.

Fique de olho!

Para se fazer um levantamento georreferenciado e solicitar o Certificado de Cadastro no Incra, o profissional deverá fazer um curso específico, de 400 horas, que vai habilitá-lo para o desenvolvimento desses trabalhos.

Os prazos para que essas exigências fossem cumpridas vieram por meio do Decreto nº 4.449, de 30 de outubro de 2002, e foram modificados depois pelo Decreto nº 5.570/2005, de outubro de 2005.

Dessa forma, toda propriedade cadastrada no SNCR deverá ser única, não havendo mais as coincidências de áreas, pois quando lá são lançadas acontece a superposição, que não permite o cadastramento no Sistema e, consequentemente, a emissão do CCIR.

Vamos recapitular?

Neste capítulo você aprendeu sobre como realizar um levantamento planialtimétrico e suas operações.

Agora é com você!

1) O que e curva de nível e para que serve?
2) Por que atualmente os levantamentos planialtimétricos estão se utilizando dos sistemas dos sinais dos satélites artificiais?
3) Pesquise sobre os cursos de habilitação para georreferenciamento.
4) Pesquise os prazos para que os imóveis rurais estejam todos cadastrados no CCIR.

9

Desenho por Computador

Para começar

Neste capítulo você vai aprender os principais procedimentos para o desenvolvimento do desenho dos trabalhos da Topografia, quando utilizamos o computador para executá-los.

9.1 Introdução

O desenho por computador hoje é o método mais usual empregado para a expressão dos levantamentos topográficos, por ser mais rápido, preciso e de melhor qualidade para apresentação dessa etapa do trabalho.

Não temos a pretensão de ensinar o uso dos programas (softwares) de desenho, que demandaria um curso à parte, mas sim de explanar os itens necessários para o correto desempenho desses desenhos.

No computador você irá cumprir os mesmos passos que faria utilizando os equipamentos de desenho na prancheta. A diferença é que em vez de utilizar o escalímetro, os esquadros e o compasso para o traço, vai utilizar as mesmas ferramentas dentro de um programa específico.

Um dos programas mais usuais é o AutoCAD, com as ferramentas específicas da Topografia, apesar de existirem trabalhos topográficos com seu CAD próprio.

O que os programas basicamente fazem é calcular os dados e lançá-los no editor gráfico, no qual serão desenhados os quesitos requeridos, como: planta do levantamento e perfil do relevo.

Amplie seus conhecimentos

Para executar um trabalho no computador é fundamental que você saiba como fazê-lo na prancheta com os equipamentos do desenho manual. Isso facilitará bastante sua compreensão. Todos os passos executados na prancheta são possíveis de execução no computador. Neste caso não confundir a "prancheta de escritório" ou "mesa de desenho" com a "prancheta de mão"

Existem programas bastante utilizados no desenvolvimento dos cálculos e apresentação dos trabalhos, mas demandam cursos com a finalidade de seu aprendizado e aplicação, como o Topograph, o Posição, o Datageosis, entre outros. Esses programas também suportam "descarregar" os dados levantados no campo e registrados nos microprocessadores dos equipamentos.

9.2 Desenvolvimento dos desenhos

Para que você desenvolva o desenho no AutoCAD, ele deve ser executado com as pranchas separadas para as distintas fases, como se fossem camadas. Tomando como exemplo um levantamento planimétrico por poligonal, ficaria assim:

- uma prancha para o traçado da poligonal;
- uma prancha para o levantamento dos acidentes naturais: rios, lagos e matas;
- uma prancha para os acidentes artificiais: prédios, ruas, postes e pontes;
- uma prancha com as legendas utilizadas;
- e finalmente uma prancha de apresentação, na qual constará o formato da folha e o selo, ou legenda, com identificações dos executores e do trabalho.

Para a finalização dessa etapa, todas as pranchas serão representadas em uma só, dando a noção de apenas um corpo.

9.3 Convenções topográficas adotadas

Todo trabalho técnico, de campo ou escritório, obedece a normas para sua execução. No Brasil essas normas são regidas pela Associação Brasileira de Normas Técnicas (ABNT), que visa colocar regras para que todos os serviços de idêntica espécie tenham a mesma apresentação e usem os mesmos termos.

As convenções, regidas pela ABNT, funcionam como indicadores nos desenhos. São símbolos e sinais adotados para representar os mesmos dispositivos em todos os desenhos feitos no Brasil e servem para que os profissionais se comuniquem, ou seja, tenham a mesma linguagem gráfica em todo o território nacional.

A NBR 13133 dita sobre a execução de levantamentos topográficos e dispõe também sobre o desenho topográfico.

Como exemplo das convenções topográficas usuais nos trabalhos, mostramos alguns na Figura 9.1:

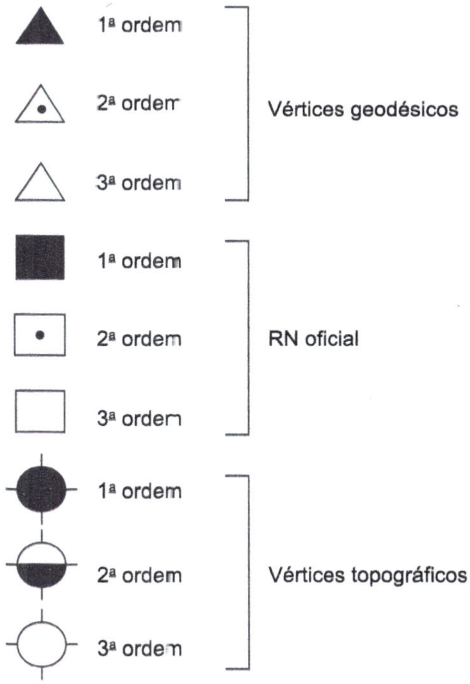

Figura 9.1 - Convenções topográficas.

9.4 Apresentação dos desenhos

Os desenhos, ou pranchas, devem ser apresentados em folhas de acordo com padrão NBR 10068 (ABNT, 1987) e podem utilizar os formatos na posição horizontal ou vertical, conforme ilustra a Figura 9.2.

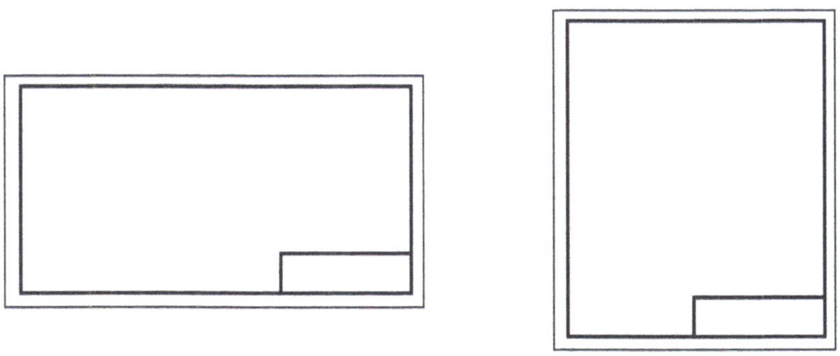

Figura 9.2 - Posições para os formatos.

Os formatos definidos pela ABNT seguem as medidas da Tabela 9.1.

Tabela 9.1 - Medidas definidas pela Associação Brasileira de Normas Técnicas (ABNT)

Formato	Dimensões (mm)
A0	841 x 1189
A1	594 x 841
A2	420 x 594
A3	270 x 420
A4	210 x 297

De acordo com a NBR 10582, na folha deverão aparecer: espaços para o desenho, para o texto e o espaço para a legenda, no espaço para o texto, deverão estar todas as informações descritivas relativas à compreensão do desenho, referentes a:

- explanação;
- instrução;
- referência;
- localização da planta de situação; e
- tábua de revisão.

A legenda deve conter, basicamente:

- a designação da firma;
- o nome do projetista, desenhista ou outro responsável pelo conteúdo do desenho;
- o local, data e assinatura;
- o nome e localização do projeto;
- o conteúdo do desenho;
- a escala (conforme NBR 8196);
- o número do desenho;
- a designação da revisão;
- a indicação do método de projeção (conforme NBR 10067);
- a unidade utilizada no desenho (conforme NBR 10126).

Para entender melhor, veja o modelo representado na Figura 7.3.

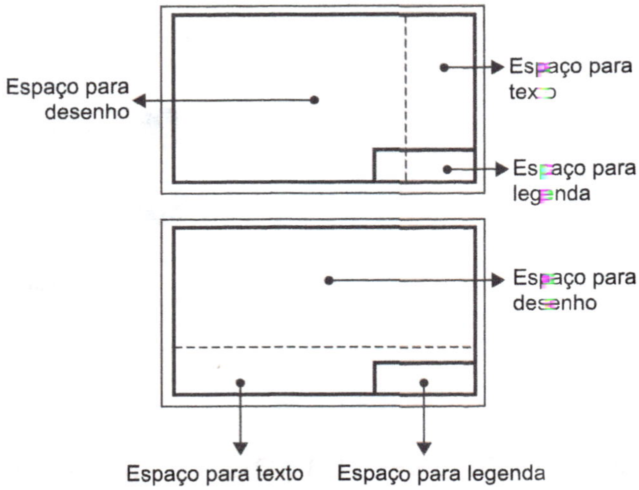

Figura 9.3 - Localização dos espaços com os conteúdos.

Ainda de acordo com a NBR 10068, nos formatos A0 e A1 deverá ter 175 mm de comprimento, e, nos formatos A2, A3 e A4 deverá ter 178 mm de comprimento.

Vamos recapitular?

Neste capítulo você aprendeu sobre desenho no computador e sobre as principais normas e convenções adotadas na execução e apresentação dos desenhos topográficos.

Agora é com você!

1) Pesquise na internet sobre programas e conheça melhor os que estão aqui citados.

10

A Topografia na Formação do Técnico

Para começar

Neste capítulo, será abordada a influência da Topografia na formação do estudante de nível técnico, o que lhe proporcionará um diferencial em relação aos demais profissionais da área, pois você passará a ter uma visão abrangente de situações e problemas.

10.1 Introdução à Topografia na formação do técnico

Como você já sabe, todas as disciplinas são importantes na formação dos estudantes, mas desempenham papéis diferentes entre si. Umas têm caráter de formação específica e outras de preparação mais abrangente. Estas últimas, além de formarem o estudante especificamente no assunto de que tratam, preparam-no para uma percepção mais ampla do curso com suas especificidades. A Topografia se enquadra na categoria de disciplinas de formação específica, as quais vamos comentar.

Todo curso possui disciplinas que servem para ampliar a compreensão e o raciocínio do estudante com relação às demais. Por exemplo, no estudo da Engenharia e da Matemática, as disciplinas Cálculo Diferencial, Cálculo Integral, Geometria Analítica, Desenho Técnico e Geometria Descritiva têm sua aplicação no dia a dia da profissão do engenheiro e do matemático, porém, sua principal função é "abrir as mentes" dos alunos para o estudo de outras disciplinas. Por exemplo, ao desenhar uma perpendicular, com compasso ou em AutoCAD, a mente do estudante é aberta a "enxergar" no campo a locação de uma perpendicular de uma direção.

10.2 Competências adquiridas com o estudo da Topografia

Podemos citar as seguintes competências que o estudo da Topografia proporciona:

» habilidade para cálculos matemáticos;
» compreensão de mapas e cartas, que facilita a orientação espacial;
» noção de ordem de grandeza;
» habilidade para comparação de medidas de comprimento, superfície e volume;
» capacidade para usar instrumentos de desenho;
» compreensão de vários tipos de projetos;
» maior facilidade para utilizar equipamentos eletrônicos;
» percepção aguçada para a vivência na obra;
» aquisição de um olhar critico e de um "olho clínico";
» habilidade para usar um software específico.

Fique de olho!

» Noção de ordem de grandeza é a capacidade de comparação para entender que em uma sala de aula de 5 m de largura por 10 m de profundidade (50 m^2) não cabem 1.000 m^2.

» Olhar crítico consiste na capacidade de propor soluções diferentes daquelas oferecidas pelos projetos e estudos, por exemplo, melhorando o desempenho de um traçado.

» O "olho clínico" serve para observar até mesmo atitudes incorretas de funcionários que não trabalham com você.

Vamos recapitular?

Neste capítulo, você aprendeu a influência que a Topografia exerce em sua formação.

Agora é com você!

1) Comente seu entendimento sobre o capítulo.

Bibliografia

ABNT. **Associação Brasileira de Normas Técnicas**. Disponível em: <http://www.abnt.org.br/>. Acesso em: 17 dez. 2013.

ALMEIDA, A. P. P.; FREITAS, J. C. P.; MACHADO, M. M. M. **Topografia.** Disponível em: <http://www.csr.ufmg.br/geoprocessamento/publicacoes/Apostila%20Top1.pdf>. Acesso em: 17 dez. 2013.

BORGES, A. C. **Exercícios de topografia**. 3. ed. São Paulo: Blucher, 1975.

______. **Topografia:** Aplicada à engenharia civil. 1 ed. São Paulo: Blucher, 1977. v. 2.

______. **Topografia:** Aplicada a engenharia civil. 2. ed.. São Paulo: Blucher, 2004. v. 1.

BRANDALIZE, M. C. B. **Topografia.** Disponível em:<http://www.gpeas.ufc.br/disc/topo/apost01.pdf>. Acesso em: 17 dez. 2013.

COMO USAR a bússola. Disponível em: <http://www.cartografia.eng.br/artigos/bussola4.php>. Acesso em: 6 dez. 2013

CASACA, J. M. **Topografia geral**. 4. ed. Rio de Janeiro: LTC, 2007.

CORRÊA, I. C. S. **Topografia aplicada à engenharia civil**. Disponível em: <http://www.ufrgs.br/igeo/departamentos/geodesia/trabalhosdidaticos/Topografia_Aplicada_A_Engenharia_Civil/Apostila/TopoAplicada_2012.pdf>. Acesso em: 17 dez. 2013.

COSTA, A. A. **Topografia**. Curitiba: Editora do Livro Técnico, 2010.

ESPARTEL, L. **Curso de topografia**. 9. ed. Rio de Janeiro: Globo, 1987.

ESPARTEL, L.; LUDERITZ, J. **Caderneta de campo**. Rio de Janeiro: Globo, 1968.

GIACOMIN, R. F. **Apostila de topografia**. Disponível em: <http://notedi1.files.wordpress.com/2010/02/apostila_topografia.pdf>. Acesso em: 17 dez. 2013.

IBGE. **Instituto Brasileiro de Geografia e Estatística**. Disponível em: <http://www.ibge.gov.br>. Acesso em: 17 dez. 2013.

INCRA. **Instituto Nacional de Colonização e Reforma Agrária**. Disponível em: <http://www.incra.gov.br>. Acesso em: 17 dez. 2013.

JUNIOR, R. M. C. **Topografia**. Disponível em: <http://www.rc.unesp.br/igce/planejamento/download/isabel/cart_top_ecologia/Aula%208%20e%209%20-%20campo%20topografia/apostila_topografia.PDF>. Acesso em: 17 dez. 2013.

MASCARENHAS, R. **Apostila topografia nova**. Disponível em: <http://pt.slideshare.net/renatomasca7/apostila-topografia-nova>. Acesso em: 17 dez. 2013.

McCORMAC, J. **Topografia**. 5. ed. Rio de Janeiro: LTC, 2007.

MILANI, J. E. **Apostila de topografia**. Disponível em: <http://www.politecnico.ufsm.br/cursos/tecnicos/images/downloads/apostila_topografia_2009.pdf>. Acesso em: 17 dez. 2013.

PASTANA, C. E. T. **Topografia I e II:** anotações de aula. Disponível em: <http://www.civilnet.com.br/Files/topo2/TOPOGRAFIA-APOSTILA-2010-1.pdf>. Acesso em: 17 dez. 2013.

PIZA, J. T.; NETO A. **Desenho técnico para a construção civil**. 2. ed. São Paulo: EPU, 2010.

SALGADO J. **Técnicas e práticas construtivas para edificação**. 2. ed. rev. São Paulo: Érica, 2009.

VARGAS, M. **Manual do engenheiro**. 3. ed. Porto Alegre: Globo, 1969.

VEIGA, L. A. K.; ZANETTI, M. A. Z.; FAGGION, P. L. **Fundamentos de topografia**. Disponível em: <http://www.cartografica.ufpr.br/docs/topo2/apos_topo.pdf>. Acesso em: 17 dez. 2013.

Glossário

Acondicionado: armazenado, guardado; em Topografia, refere-se aos equipamentos guardados em seus estojos e caixas.

Acoplado: encaixado, unido, ligado; por exemplo, o nível de cantoneira sobre a mira.

Aferição: processo de verificação da informação correta que um equipamento produz. Por exemplo, ao fazer a transformação das leituras na mira para distância horizontal, se o teodolito está realmente reproduzindo esse valor da estação até o ponto de colocação da mira. Vários órgãos contratantes de serviços topográficos exigem a aferição periodicamente. Ela é executada por empresas credenciadas nos órgãos governamentais de controle, como o Inmetro.

Aglomerado: tipo de material feito com raspas de madeira e cola, imitando madeira maciça.

Anteparo: função de um equipamento que serve de referência para a tomada de leitura ou sinais, como as miras e os prismas.

Arbitrário: marcação colocada sem critério de obediência. Por exemplo, quando estipulamos a cota em um marco instalado para a construção de um platô de estacionamento de um *shopping*. Esse marco servirá de referência para toda a obra ali desenvolvida, seja o arruamento, a drenagem ou a pavimentação.

Arruamento: traçado de ruas, seja de um estacionamento, de um loteamento ou até mesmo de uma cidade.

ART: sigla para Anotação de Responsabilidade Técnica, que é o documento que confere a Responsabilidade Técnica. Somente poderá ser solicitada por um profissional com registro no CREA.

Avaliação: usada para atribuir a quantidade e/ou valores de serviços, sem precisão. Ela deve ser executada por profissional que tenha experiência para não divergir muito de um levantamento com precisão.

Avaria: dano ou estrago sofrido pelo equipamento em um incidente. Por exemplo, quando um nível transportado fora da caixa sofre uma queda e uma lente é trincada.

Bainha: quando usada junto aos facões, é uma capa protetora, comumente de couro, para que a lâmina não fique exposta sujeitando o usuário a corte.

Bitola: define o diâmetro de peças cilíndricas, por exemplo, barra de ferro de 10 mm, ou um cano de PVC de 3/4".

Bolha circular: porção de ar presa em um líquido dentro de um cilindro fechado, com tampa superior de vidro, ou outro material transparente, com uma marcação circular na qual essa bolha deverá estar encaixada quando o objeto em que fica acoplada estiver nivelado. Por exemplo, nos níveis de cantoneira.

Bolha retangular: porção de ar que fica presa em um líquido no interior de uma peça retangular fechada dentro de um material transparente, com uma marcação central nesse material, onde essa bolha deverá estar encaixada quando o objeto em que fica acoplada estiver nivelado. Por exemplo, nos níveis de pedreiro.

Bota-fora: local em que se deposita o expurgo do material escavado. Por exemplo, o excesso de material de um corte ou das pedras de uma escavação de um túnel.

Cabeceira de ponte: extremidade de uma ponte, normalmente em concreto; em Topografia, utilizamos para referência, ou amarração, dos trabalhos. Essa atitude se deve ao fato de essas peças serem praticamente imutáveis, não alterando dados em que precisamos confiar durante anos e que são ali registrados, como nos marcos implantados.

Caminhamento: trajeto de um ou vários alinhamentos, por exemplo, o traçado que servirá de apoio a um levantamento. É sinônimo de poligonal.

Círculo: porção de superfície contida em uma circunferência. Sua medida é a área expressa em fm^2, seus múltiplos e submúltiplos.

Circunferência: contorno que contém a superfície de um círculo. Sua medida é linear expressa em m, seus múltiplos e submúltiplos.

Contorno: "desenho" da forma que vamos representar no papel ou na tela do computador. Pode ser no plano horizontal, como no formato dos terrenos, no plano vertical, como no perfil das curvas de nível e também em três dimensões, como no formato das depressões e elevações.

Contratado: pessoa ou empresa que é contratada para executar um serviço.

Contratante: pessoa ou empresa que contrata um serviço, normalmente de sua propriedade.

Contrato de serviço: documento oficial no qual contratante e contratado determinam o trabalho a ser executado e os direitos e deveres de cada um deles. Deve ser registrado em cartório para ter valor jurídico.

Coordenadas: medidas que definem a posição de um ponto no espaço. Por exemplo, se adotarmos os eixos cartesianos, teremos as coordenadas x, y e z, respectivamente, abcissa, ordenada e cota.

Custo *versus* benefício: operação de comparação entre os gastos com o custo e o lucro obtido no final do processo para verificar se a execução dos serviços irá compensar.

Deflexão: ângulo formado entre o prolongamento de uma direção e a próxima. Normalmente, empregamos esse termo quando essas direções são os lados de uma poligonal.

Descrição topográfica: forma de expressão em que se transcreve, na forma de narração, o disposto em uma planta, por exemplo, o que vem descrito em uma escritura de cartório.

Diâmetro: maior medida linear obtida dentro de um círculo. É o dobro do raio e serve para definir a bitola dos objetos cilíndricos, como barras de ferro e canos.

Dimensões: em Topografia, refere-se aos valores de medidas, sejam elas lineares, superficiais ou volumétricas.

Distorção: palavra empregada quando um equipamento sofreu alguma avaria e não funciona corretamente. Por exemplo, quando a ponta de uma trena de aço quebra e ela começa fora do zero.

Dutovia: via por onde transitam produtos dentro de dutos, ficando ali enterrados, submersos ou aéreos. Os produtos podem ser sólidos, líquidos ou gasosos. Exemplificando: para os sólidos, o minério de ferro peletizado; para os líquidos, a água e os combustíveis, como gasolina e álcool; e, para os gases, os produtos obtidos nas plataformas instaladas no mar. A maioria das dutovias brasileiras é gerenciada pela Transpetro, subsidiária da Petrobras.

Esboço: desenho "rascunhado" que servirá para identificar um local, o pré-traçado de um estudo, e que deverá gerar um croqui.

Esférico: que tem forma de esfera, de bola.

Espanar: expressão utilizada quando um parafuso "desliza" na rosca da porca, ou outro dispositivo de encaixe desta. Isso ocorre em virtude do uso indevido dos parafusos de regulagem dos equipamentos, pois são bastante sensíveis.

Expurgo: material inservível de um trabalho, normalmente de escavação.

Fiada de tijolos: linha de tijolos assentada no mesmo nível.

Frente de serviço: local em uma obra, por exemplo, a obra de uma ponte na construção de uma estrada.

Fungos: microrganismos que se criam com a umidade, como o mofo ou o bolor, com o aparecimento de partes turvas no interior das lentes nas lunetas de equipamentos, por exemplo, o nível, o teodolito e a estação total.

gamela ou mata-cobra: definição bem-humorada dos trabalhadores de campo de serviços topográficos, sejam eles topógrafos ou auxiliares.

Geometria: ramo da matemática que estuda as relações de comprimento, área e volume das figuras e sua posição no espaço.

Grandeza: refere-se a quantitativos de medidas, sejam elas de comprimento, massa, área ou volumes. Quando fazemos referência à comparação entre essas medidas, dizemos "ordem de grandeza". Deve-se ter cuidado para não confundir as unidades: 1 m é igual a 100 cm, não se deve apenas comparar 1 com 100.

Guarnição: peça onde são fixadas portas e janelas; normalmente é do mesmo material das portas ou janelas e é diretamente assentada nas paredes.

Imã: pode ser natural ou artificial; quando artificial, é um objeto ferroso em que se faz um trabalho de separação entre as partículas positivas e negativas, e que trabalha atraído pelo magnetismo terrestre, indicando seus polos.

Implantado: assentado, colocado, instalado para servir de referência à execução dos serviços de topografia, por exemplo, um marco implantado com as inscrições de RN em uma plaqueta de bronze.

***In loco*:** expressão latina que significa "no local".

Inmetro: sigla para Instituto Nacional de Metrologia, Qualidade e Tecnologia.

Inservível: o mesmo que imprestável, que não serve mais. Não confundir com estragado, pois, no caso de obras, uma pedra retirada da escavação de um túnel pode não servir agora, mas poderá ir para uma pedreira, ser britada e aproveitada.

Instalação: operação de colocação de um equipamento em sua estação de trabalho, por exemplo, a instalação de um teodolito sobre o piquete que demarca um ponto de deflexão em uma poligonal.

Lacear: "cansaço" adquirido por algum equipamento normalmente composto de fibra, como as cordas e as trenas de fibra. Esse fenômeno produz leituras erradas no caso das trenas, por isso é necessário verificar constantemente suas medidas para proceder à aferição.

Legível: anotação, desenho ou informação feita a mão que pode ser lida sem o surgimento de dúvidas.

Levantamento: obtenção de dados para um estudo ou um projeto.

Liberação: em obras, refere-se a alguma fase dos serviços que foi concluída satisfatoriamente e que está "liberada" para a próxima fase. Ela pode ser geométrica, dada pelo topógrafo no campo, ou geotécnica, dada pelo laboratorista de solos também no campo.

Locação: instalação no campo, *in loco*, dos dados obtidos em um estudo ou projeto.

Logística: organização de uma série de operações necessárias, que possibilita a otimização da execução de um serviço.

Magnetismo: em Topografia, é a energia emitida pelos polos da Terra, que atrai os materiais ferrosos, principalmente os transformados em imãs.

Materialização: implantação de um dado de projeto, ou estudo, no campo. Por exemplo, um piquete é a materialização de uma estação de trabalho.

Medida linear: medida tomada em linha reta, que serve para a medição dos comprimentos, usualmente tomada em metros.

Medida superficial: medida tomada de superfícies, que serve para a medição das áreas, usualmente tomada em metros quadrados.

Medida volumétrica: medida tomada nos sólidos, que serve para a medição dos espaços, usualmente tomada em metros cúbicos, ou litros.

Mercado de trabalho: designa as oportunidades de trabalho para profissionais, autônomos ou não.

Mostrador: dispositivo de um equipamento no qual aparece a descrição de um valor buscado. Pode ser chamado também de *display*, monitor, tela ou visor. Por exemplo, a parte das balanças em que podemos ver o peso e o preço nos restaurantes com serviço *self-service*.

Motosserra: equipamento mecânico, impulsionado por motor a combustão, utilizado para serrar madeira, principalmente árvores, arbustos e galhos na abertura de picadas.

Normatização: obediência a normas, por exemplo, aquelas ditadas por órgãos criados para esse fim, como a ABNT - Associação Brasileira de Normas Técnicas.

Notação: definição de alguma grandeza, como comprimento, tempo, energia etc. Por exemplo, para representação de metro, um tipo de notação é o m. Em Nutrição, a representação de caloria é dada pela notação cal.

Objeto de interesse: em Topografia, refere-se a todo incidente, natural ou artificial, que possa fazer parte de um trabalho topográfico, como um rio, um viaduto, ou até mesmo uma área.

Otimização: facilitação de operações ou de uma sequência delas.

Peletizado: material transformado em pelotas, ou seja, que tenha passado por uma operação que o transforme em pequenas partículas, no caso do ferro, de 8 a 18 mm de diâmetro.

Perímetro: comprimento da linha que forma o contorno de uma porção de superfície. Por exemplo, em um polígono, é a soma dos comprimentos de seus lados.

Picadas: em Topografia, são os caminhos abertos grosseiramente dentro de uma mata para a passagem da equipe de trabalho e para a realização das visadas.

Planta: nome que se dá ao "desenho" da forma de uma superfície; é a representação gráfica do objeto de interesse no plano horizontal. Pode ser no papel ou na tela do computador.

Ponta desbastada: ponta desengrossada, apontada.

Porção terrestre: considerada a área de uma parte de superfície da Terra. Não confundir com uma parte em volume da Terra. Como analogia, é como se fosse um pedaço da casca da laranja.

Porta-mira: denomina a pessoa que irá operar a mira, para que se façam as leituras com nível ou teodolito.

Precisão: variação dos resultados em uma medição. Para cada tipo de medição, existe uma precisão admissível, e cada tipo de equipamento trabalha com um valor da precisão de sua medida. Para uma operação, por exemplo, um nivelamento requer uma precisão de cerca de 1%, o que significa que o resultado tem de estar com essa variação para mais ou para menos e, se ultrapassar, a operação deverá ser repetida. No caso de um equipamento, um teodolito fornece os dados com uma precisão de 17" de leitura angular.

Processador: dispositivo que faz as operações matemáticas eletronicamente. Normalmente, trabalha com outros dispositivos, instalado em um computador ou não.

Profissional autônomo: aquele que trabalha sem vinculo empregatício para terceiros, isto é, trabalha para si tendo seus serviços contratados diretamente pelos interessados, que podem ser indivíduos ou empresas.

Raio: medida linear tomada do centro da circunferência até seu contorno.

Referência de Nível: marcação colocada em um marco, que servirá de ponto de partida para a execução de uma obra. Essa marcação poderá estar fisicamente descrita no marco ou ser apenas uma anotação na planta do local. Poderá ser adotada (arbitrária), ou oficial (definida por algum órgão regulamentador, como o IBGE ou o Incra).

Regulagem: movimento que se faz nos equipamentos a fim de colocá-los em ponto de trabalho; por exemplo, a ajustagem dos pés de um tripé ao nivelá-los, ou o movimento circular em um ajustador da luneta para acertar o foco.

Relevo: contorno das superfícies; também conhecido como perfil de um terreno.

Responsável Técnico: profissional que assume a responsabilidade técnica, ou seja, responde pela execução dos serviços para os quais foi contratado e requereu uma ART. Essa responsabilidade se estende aos âmbitos civil e criminal.

Retificação de cursos d'água: trabalho que "acerta" o curso de um riacho ou de um rio normalmente, com o objetivo de melhorar seu uso, como no caso de construção de barragens.

RN: sigla para Referência de Nível.

Sensoriamento remoto: obtenção de informações sem contato físico com o objeto de interesse, isto é, sem que se vá até o local. Em Topografia, um exemplo é a obtenção do contorno de um rio. A transmissão desses dados é feita por radiação eletromagnética entre os objetos de interesse e os sensores que irão captar e transmitir esses dados. Esses sensores geralmente ficam instalados em satélites.

Serviço expedito: aquele que não requer muita precisão e cuja realização apresenta tempo reduzido em relação ao convencional. É normalmente empregado em avaliações. Um exemplo é o uso da bússola na marcação de ângulos horizontais, em vez de um nível ou teodolito, para a demarcação de pastos dentro de uma fazenda.

Sobressalentes: equipamentos que devem ser transportados para o campo para substituir aqueles que podem paralisar, como pilhas, baterias, grafite, entre outros.

Telescópica: forma de construção de um equipamento formado por gomos que se encaixam uns nos outros para facilitar o transporte. São desencaixados e assumem seu comprimento quando estão em uso.

Terceirização: ocorre quando serviços ou tarefas não são executadas diretamente pela empresa contratada para realizar uma obra ou um projeto. Por exemplo, uma empresa é contratada para a execução de uma terraplenagem, mas, como não possui topógrafos no seu quadro de funcionários, ela terceiriza os serviços de topografia.

Traçado: corresponde quase a um contorno e refere-se a várias representações gráficas, como o traçado do perfil de curvas de nível, de um rio, das ruas de um loteamento etc.

Trecho: porção de um traçado, seja uma rodovia, ferrovia ou dutovia, onde se executam serviços de construção ou manutenção.

Trigonometria: ramo da matemática que estuda e aplica as propriedades dos triângulos. Pode ser plana ou esférica.

Visada: linha reta imaginária, que vai do equipamento do qual se obtém a leitura até o anteparo em que se encontra a definição dessa leitura. Por exemplo, de um teodolito até a mira, ou de uma Estação Total até um prisma.